(历史篇)

总主编 慕振亮
本册主编 于 玲 李玉波 胡舒洁 李言霞

电子工业出版社
Publishing House of Electronics Industry
北京·BEIJING

总 主 编	慕振亮			
本册主编	于 玲	李玉波	胡舒洁	李言霞
本册编写人员	黄丽丽	姜孙伟	刘文秀	李颖慧 林怡宏 于英姣
	秦艺君	程俊英	朱琳娜	俎 硕

未经许可，不得以任何方式复制或抄袭本书之部分或全部内容。
版权所有，侵权必究。

图书在版编目（CIP）数据

数学令人如此着迷. 历史篇 / 慕振亮总主编；于玲等主编. —— 北京：电子工业出版社，2024.6. —— ISBN 978-7-121-48114-7

Ⅰ. G634.603

中国国家版本馆 CIP 数据核字第 20243PM140 号

责任编辑：葛卉婷　邓峰
印　　刷：北京宝隆世纪印刷有限公司
装　　订：北京宝隆世纪印刷有限公司
出版发行：电子工业出版社
　　　　　北京市海淀区万寿路 173 信箱　邮编：100036
开　　本：787×1092　1/16　印张：7.5　字数：144 千字
版　　次：2024 年 6 月第 1 版
印　　次：2024 年 6 月第 1 次印刷
定　　价：39.80 元

凡所购买电子工业出版社图书有缺损问题，请向购买书店调换。若书店售缺，请与本社发行部联系，联系及邮购电话：（010）88254888，88258888。
质量投诉请发邮件至 zlts@phei.com.cn，盗版侵权举报请发邮件至 dnqq@phei.com.cn。
本书咨询联系方式：（010）88254596，geht@phei.com.cn。

目 录

中国第五大发明 1

为什么2月的天数最少 4

火星的奥秘 7

神秘的数字黑洞 10

"流浪"的"扫把星" 14

霍尔德遗嘱案 17

秦九韶巧断纳粮作弊案 19

谁的土地面积更大 21

"死亡天使"背后的秘密 23

寻找消失的摄影师 26

金字塔的数字之谜 28

哥尼斯堡七桥问题 31

神秘的河洛图 34

星星追踪者：
古巴比伦人如何用数学了解天文 38

独孤信的印章 41

屋顶为什么是弯曲的 45

古祭坛中的奥秘 49

千年古堤坝——渔梁坝 52

重摆海昏侯墓古铜钱 56

青铜卡尺 61

凯撒的密信 64

古巴导弹危机与胆小鬼博弈 68

坠毁的战机"不说话" 72

运气、天意还是人为 74

巧用数学预测飞机损失 78

"时光倒流"的环球航行 83

怎样用"航海钟"确定经度 88

"过洋牵星术"定纬度 91

两点之间不一定线段最短 95

航海罗盘辨方 99

沈括运粮与运筹思想 102

摩斯密码 105

巧用孙子定理加密 108

"二战"之密——恩尼格玛密码 110

猪圈密码 114

中国第五大发明

2022年,北京冬奥会的开幕式惊艳了全世界,以"二十四节气"为主题的倒计时短片淋漓尽致地展现了"中国式浪漫",同时也让全世界充分感受到中国古老历法的魅力。短片呈现出不同节气壮美的中国山水,依次为雨水、惊蛰、春分、清明、谷雨、立夏、……、大寒、立春,最后一秒定格立春。这一设计寓意开幕式当天恰逢立春,同时也寓意全世界人民共同迎接新的春天。

在如此庄严而神圣的场合,为什么会选择"二十四节气"作为开幕式的倒计时主题呢?这是因为"二十四节气"有其独特的魅力。

"二十四节气"是中国古代农耕文明的产物。古人通过认知一年中时令、气候、物候等方面的变化规律形成了知识体系和社会实践,在国际气象界,这一实践认知体系被誉为"中国第五大发明"。

我国现存的第一部完整记载了"二十四节气"的著作是《淮南子·天文训》，汉武帝时期，"二十四节气"被纳入《太初历》，作为指导农事的历法补充。2016年11月30日，"二十四节气——中国人通过观察太阳周年运动而形成的时间知识体系及其实践"被正式列入联合国教科文组织人类非物质文化遗产代表作名录。

"二十四节气"中隐藏着什么数学小知识呢？我们一起来看。地球绕太阳公转，太阳相对地球转动，一年正好转一圈，太阳如此转动的路线被称为"黄道"。黄道和赤道会相交于两个点，一个点是春分点，另一个点是秋分点。古人根据太阳的相对位置变化制定了"二十四节气"历法。由于在黄道上没有明显可以作为黄道经度（黄经）0度的点，因此春分点被

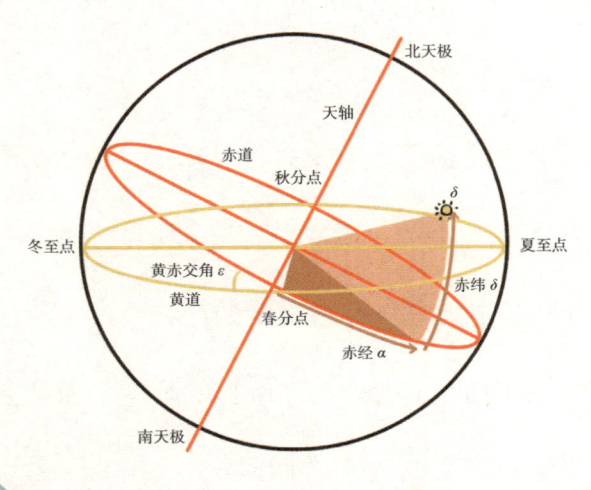

指定为黄经0度。太阳从黄经0度起，沿黄经向东，每运行15度地球经历的时间称为一个节气，太阳每年运行360度，地球正好经历24个节气。

我们都知道一年有4个季节，4个季节对应了24个节气，每个季节包含6个节气。"春雨惊春清谷天，夏满芒夏暑相连，秋处露秋寒霜降，冬雪雪冬小大寒"。春天有立春、雨水、惊蛰、春分、清明、谷雨；夏天有立夏、小满、芒种、夏至、小暑、大暑；秋天有立秋、处暑、白露、秋分、寒露、霜降；冬天有立冬、小雪、大雪、冬至、小寒、大寒。

每年新年伊始，万物复苏，农民开始准备农事。立春后准备春耕，雨水时着手灌溉，惊蛰时开始除草，春分时就可以播种了。中国人根据这种历法进行耕耘、灌溉、播种、收获等农业生产活动，到目前已有几千年的历史！可以说，"二十四节气"这一文化已经刻在每个中国人的心里。

正是由于蕴含悠久的历史文化，"二十四节气"才得以在2022年北京冬奥会开幕式上惊艳亮相，向全世界传递人与自然的和谐美好！

为什么 2 月的天数最少

我们都知道平年全年有 12 个月，365 天，其中大月有 7 个，每个月有 31 天，分别是 1、3、5、7、8、10、12 月；小月有 4 个，每个月有 30 天，分别是 4、6、9、11 月；2 月只有 28 天。这是为什么呢？为什么 2 月的天数最少？其实这里面有一段有趣的历史故事。

我们现在使用的公历最早起源于古罗马。公元前 46 年，古罗马皇帝凯撒规定每年有 12 个月，单月（奇数月）都是大月，每个月有 31 天；双月（偶数月）都是小月，每个月有 30 天，全年 12 个月的天数分别如下页表所示。

月份	1	2	3	4	5	6	7	8	9	10	11	12
天数	31	30	31	30	31	30	31	30	31	30	31	30

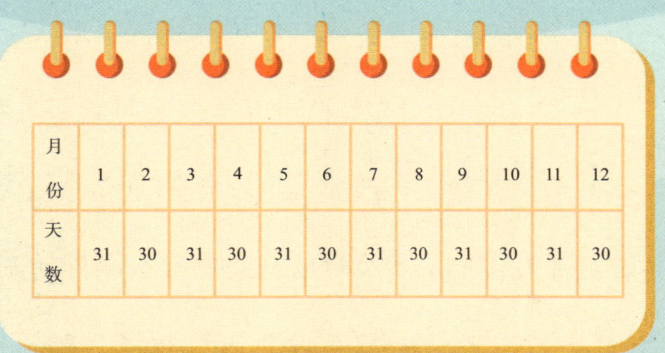

根据凯撒的规定，全年的天数为 31×6+30×6=366（天），比 365 天多了一天，怎么办呢？只能找出一个月减掉一天。由于当时古罗马被判死刑的犯人都在 2 月被处决，因此人们不喜欢 2 月，就从 2 月中去掉了一天，各月的天数如下表所示。

月份	1	2	3	4	5	6	7	8	9	10	11	12
天数	31	29	31	30	31	30	31	30	31	30	31	30

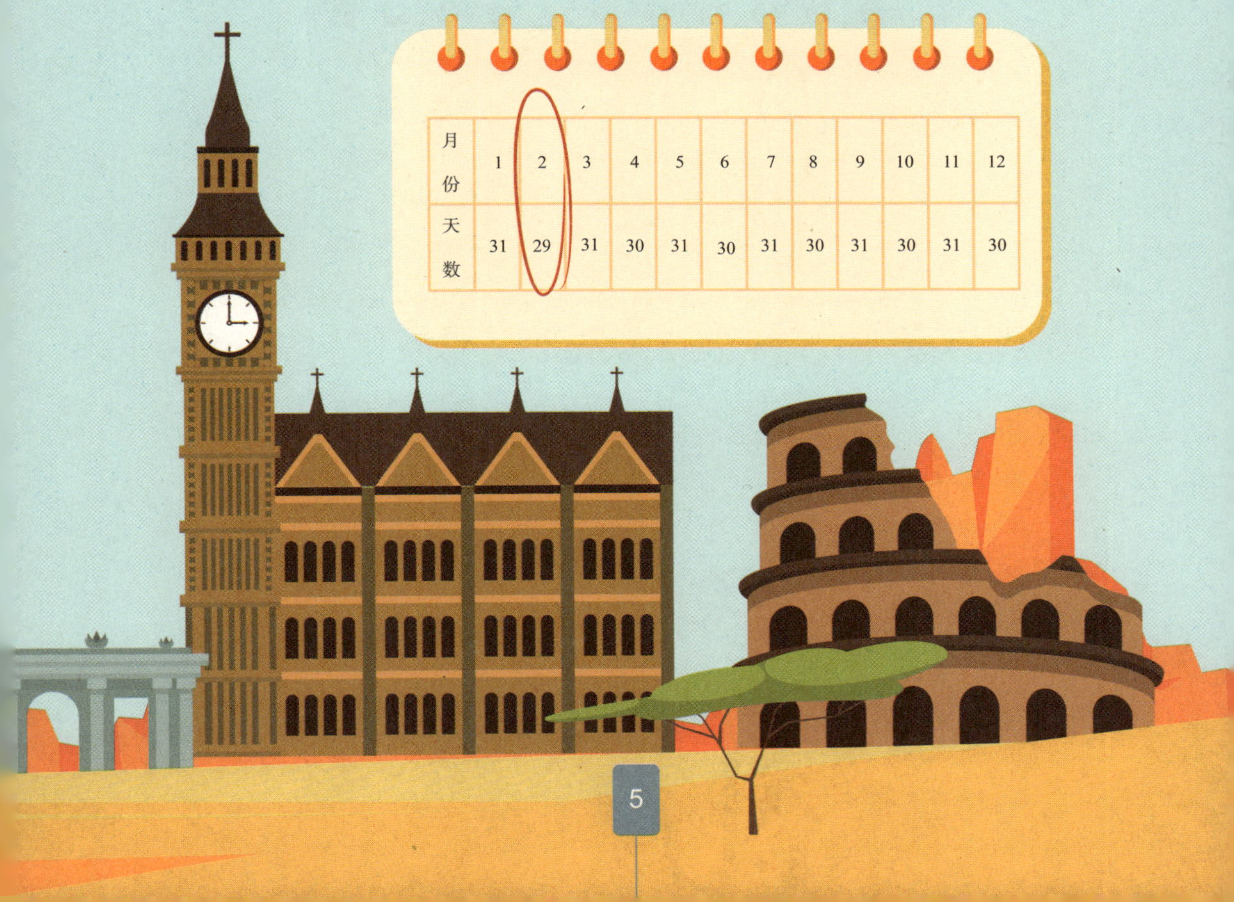

后来，凯撒的养子奥古斯都做了古罗马皇帝，他发现凯撒是7月出生的，7月是大月，他是8月出生的，而8月是小月。为了表示自己与凯撒具有同样的威严，奥古斯都下令把8月改成了大月，并用自己的名字（Augustus）给8月命名。他还将8月以后的双月（10、12月）改成大月，单月（9、11月）改成小月。8月改成大月后，全年的天数又变成了366天，怎么办呢？没关系，从人们不喜欢的2月中再减掉一天就可以了！这样，2月就只剩下了28天。

从此以后，全年1、3、5、7、8、10、12月为大月，4、6、9、11月为小月，平年2月有28天。

火星的奥秘

小朋友们看过《流浪地球》这部电影吗？这部电影讲述了太阳即将毁灭时，人类为了寻找适合居住的第二家园，带着地球一起逃离太阳系的科幻故事。虽然电影讲述的故事离现实很遥远，但这并不影响我们讨论当地球不再适宜人类居住时我们该何去何从的话题。

作为人类，我们生存在地球上需要各种条件：适宜的大气含氧量，充足的水资源，以及适宜的地表温度等。很久以前，科学家就已经开始寻找适合人类居住的星球，答案都指向一个神秘的星球——火星。

火星是太阳系中的类地行星之一，是一个拥有橘红色外表的星球，这种颜色是其地表上大量的赤铁矿导致的。火星的大气以二氧化碳为主，气温寒冷，地表荒凉，大约40亿年前，火星的气候与地球十分相似，后来因为未知原因，火星变成了现在这样。现在的火星其实也与地球存在着许多相似之处。火星上的一天与地球上的一天昼夜长短相差不大，而且火星也有一年四季的变化。火星绕太阳旋转一周相当于地球上的687天，因而火星上每个季节的时长大约是地球上每个季节时长的两倍。如果住在火星上，依然能感受到太阳的东升西落。有意思的是，火星有两个天然卫星，它们都围绕火星旋转，所以在火星上，夜间经常能够看到两个"月亮"同时挂在天上！

火星还有一个有趣的地方：它的表面重力大约只有地球的三分之一。火星与地球的表面重力差异受到许多因素的影响，如星球的半径、质量等。如果在地球上，你能拎起30千克的重物，那么到了火星上，你可以拎起约90千克的重物，是不是感觉自己像大力士？还有更神奇的呢！武侠电影中，我们经常能看到武林高手飞檐走壁，要是在火星上，你也可以变成武林高手，轻松一跳就可以跳起两三米高，是不是非常不可思议？

火星距离我们非常遥远。已知火星与地球的最近距离大概有5500万千米，最远距离超过4亿千米。地球的直径大约是12742千米，我们先计算出地球的周长 $12742 \times \pi \approx 4$ 万（千米），假设以火星与地球的最近距离5500万千米来计算，5500÷4=1375（圈），5500万千米相当于绕地球转了1375圈。我们平时乘坐的客机在全速飞行的情况下，需要飞行约700天，是不是感觉火星距离地球非常遥远？不过没关系，随着我国航天事业的飞速发展，2020年7月23日12时41分，我国的"祝融号"火星车在中国文昌航天发射场由长征五号遥四运载发射升空，正式开启火星之旅。小朋友们，你们知道"祝融"是什么意思吗？祝融在中国古代传统文化中被尊称为火神，他用火照亮大地，带来光明。用"祝融号"来命名火星车意味着用它来指引人类进行无限探索和自我超越，中国人民把对遥远星空和未知宇宙的无限憧憬都寄托在这个名字中。

　　从上面的数据中，我们可以感受到我国航天科技的迅猛发展。中国人不但实现了祖先千百年来的飞天梦想，而且正向着更远的星球进发。相信在不久的未来，我们一定会在宇宙探索上再创奇迹。让我们努力学习，将来为中国航天事业的发展贡献一份力量！

神秘的数字黑洞

黑洞是宇宙中一种非常神秘的天体，它体积很小，密度却大得惊人。黑洞的引力很大，只要被它吸进去，就再也别想逃出来，就连光也不例外。在数学王国里，也存在着一种神秘的"黑洞"——数字黑洞，它指的是自然数经过某种运算之后得到一个或一组固定的数。

1949年，印度数学家卡普雷卡尔发现了著名的"卡普雷卡尔常数"，也就是神秘的四位数黑洞6174，你可以通过下面的步骤得到这个神秘的四位数黑洞6174。

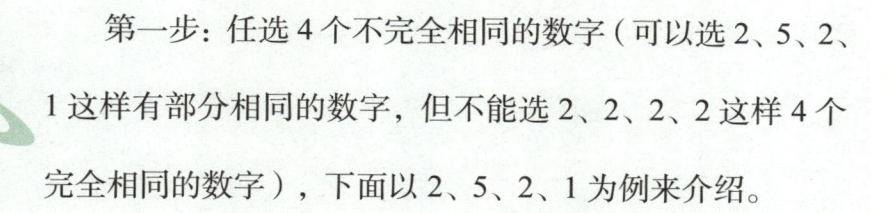

第一步：任选4个不完全相同的数字（可以选2、5、2、1这样有部分相同的数字，但不能选2、2、2、2这样4个完全相同的数字），下面以2、5、2、1为例来介绍。

第二步：用这4个数字组成的最大数减最小数，得到新的四位数，即5221–1225=3996。

第三步：将新的四位数的4个数字重新排列，用这4个数字组成的最大数减最小数，得到下一个四位数，即9963–3699=6264。

第四步：不断重复上面的过程，即6642–2466=4176，7641–1467=6174，就可以得到6174。

我们再用其他4个数试试：

选3、1、5、9这4个数，它们组成的最大数是9531，最小数是1359，9531–1359=8172；

8、1、7、2组成的最大数是8721，最小数是1278，8721-1278=7443；

7、4、4、3组成的最大数是7443，最小数是3447，7443-3447=3996；

3、9、9、6组成的最大数是9963，最小数是3699，9963-3699=6264；

6、2、6、4组成的最大数是6642，最小数是2466，6642-2466=4176；

4、1、7、6组成最大数是7641，最小数是1467，用7641-1467=6174。

小朋友们可以任意再选几组数字算一算。是不是都得到了6174这个答案？很神奇吧！也就是说，任选4个不完全相同的数字进行上面的运算，最后一定都逃脱不掉6174这个答案。得到6174后，如果把4个数继续重新排列并相减：7641-1467=6174，又得到6174！数字被"吸"进黑洞，

再也逃不出来了！而且这种"最大减最小"的运算最多进行 7 次就一定会得到 6174，是不是感觉更神奇了呢？

了解了四位数黑洞后，我们再来找出三位数黑洞吧！这次，选 3 个不完全相同的数字进行上面的运算，如选择 1、6、8 这 3 个数，861-168=693；963-369=594；954-459=495，三位数黑洞就是 495，你算对了吗？

我们一起再来验证一下吧。任选 3 个不完全相同的数字 1、2、3，它们组成的最大数是 321，最小数是 123，321-123=198；1、9、8 组成的最大数是 981，最小数是 189，981-189=792；7、9、2 组成的最大数是 972，最小数是 279，972-279=693；6、9、3 组成最大数是 963，最小数是 369，用 963-369=594；5、9、4 组成的最大数是 954，最小数是 459，954-459=495，同样得到了 495。

小朋友们再用其他 3 个不完全相同的数字进行上面的运算，看看你得到的结果是不是 495。

除了上面这样的四位数黑洞、三位数黑洞，还有西绪福斯数字黑洞 123、水仙花数字黑洞 153 等，感兴趣的小朋友可以查阅它们的相关资料。

"流浪"的"扫把星"

每当夜幕降临,天空中就会有无数星星闪烁,它们时明时暗,点缀着美丽的夜空。偶尔会有一些"淘气鬼"——流星,从天边一闪而过,在夜空中留下一道道优美的弧线。还有一些"小可爱"会进入内太阳系绕着太阳运动,当它们接近太阳时,会在太阳辐射和太阳风的作用下分解成彗头和彗尾,它们就是"彗星",因其状如扫帚,也被称为"扫把星"。

《天文略论》中记载:"彗星为怪异之星,有首有尾,俗象其形而名之曰扫把星。"相传在很久以前,扫把星出现的时候总是伴随着灾祸的降临。《史记·秦始皇本纪》中记载:"七年,彗星先出东方,见北方,五月见西方。将军骜死……彗星复见西方十六日,夏太后死。"这段话传达的主要信息是:彗星出现,蒙骜将军死了;彗星又一次出现,夏太后死了。此后,人们见到彗星,就会觉得似乎将有灾祸发生。

那么彗星真的像传说中那样诡异吗？其实不然。我们首先了解一下彗星到底是什么。彗星是指在太阳系中亮度和形态会随着与太阳的距离变化而产生神奇变化的一种天体，它绕着太阳运动。彗星主要由水、尘埃和有机化合物等组成，彗星还有一个名字——"脏雪球"。当彗星接近太阳的时候，它内部的核心组成物质就会变为气体并且释放出尘埃，从而形成一条非常长的尾巴，有的甚至比太阳到地球的距离还要长！由于它的种种特性，它在夜空中出现时会特别醒目，而且能在天空中停留很长时间，可能停留几十天到几十个月。因为彗星每次出现时间很长，所以若在这段时间有什么不好的事情发生，在那个科学不发达的年代，人们就很容易把罪过推到彗星身上。

目前已知的彗星有几千颗，其中最知名的彗星当属哈雷彗星。哈雷彗星大概每76年绕太阳运动一周，每运动一周都会经过一次地球轨道，也就是说，我们人的一生中可能看到0~2次哈雷彗星。由于太阳系内的行星引力不同，所以哈雷彗星绕太阳转动的周期每次会略有不同。与此同时，随着年龄的增长，彗星的外观会越来越暗，甚至核心里所有的冰都会消失，逐渐地，彗星的尾巴会消失，也有可能变成一些尘埃。

小朋友们，哈雷彗星环绕太阳转动的轨道周长大约为122亿千米，地球绕太阳一周的轨道周长约为9.4亿千米，让我们用数学的方法来简单计算一下哈雷彗星绕太阳的轨道周长是地球绕太阳一周轨道周长的几倍？122÷9.4≈13，哈雷彗星绕太阳一周的距离大约是地球的13倍！

据说哈雷彗星下次会在2061年经过地球，到那时，我们一定要好好观察一下它！

霍尔德遗嘱案

很久以前，富有的霍尔德夫人在生前留下一份遗嘱，她的侄女罗宾逊却对遗嘱存有异议，并声称她和姑妈曾经有过一份秘密协议，协议规定由她继承姑妈的全部遗产。可是霍尔德夫人的遗产执行人却拒绝了她的要求，认为她所谓的秘密协议是伪造的。

罗宾逊气得把遗产执行人告上了法庭。为了鉴别遗嘱和秘密协议的真伪，法庭邀请了当时非常著名的数学家——本杰明·皮尔斯教授和他的儿子查尔斯·皮尔斯，以及其他一些人来做鉴定。皮尔斯教授和他的儿子发现秘密协议上的签名和霍尔德夫人的一份真实签名看起来很像，甚至有一些地方看起来完全一样。他们怀疑秘密协议上的签名是根据真实签名临摹的。经过比对，他们终于得到验证。

那么，皮尔斯教授和他的儿子是怎么证明秘密协议是伪造的呢？他们用了一种特别的方法。首先，他们在两份签名中各自选取了30个笔锋向下的部分，他们发现这些相对应的笔锋向下的部分都是一模一样的。接着，他们又选取了霍尔德夫人生前的42个无争议的真实签名进行比对，经过多次组合比对，他们发现这些真实签名中笔锋向下部分完全一致的概率非常低，只有0.20615。也就是说，至少进行5次比对才会出现一次笔锋向下部分完全一致的情况。

然后，他们应用乘法规则求出两个签名在随机情况下出现30个笔锋向下部分完全一致的概率，即 $0.20615 \times 0.20615 \times 0.20615 \times \cdots$（连续乘30次），结果约为375万亿分之一，这个概率非常非常低。皮尔斯教授在法庭上说："这样的概率极小极小，实际上是不可能出现在真实生活中的，这里出现的一致性必定来自一种制造它的企图。"最后，罗宾逊羞愧地低下了头，法院最终认定秘密协议是伪造的。

小朋友们，你们知道吗？笔迹是人在书写时留下的痕迹，它通常承载着书写人在长期书写行为中形成的习惯。但是笔迹的稳定性是相对的，它也会受到生理、心理和环境的影响。

秦九韶巧断纳粮作弊案

秦九韶是南宋时期的数学家，他完成的《数书九章》是中国数学史上的经典之作。据说，作为官员的他，还曾借助数学知识解决了一桩案件。

我国古代，国家每年需要向耕种土地的农民征收一定的稻米作为赋税。稻米在脱粒过程中难免会掺杂一些秕稻（低质量的稻米），因此农民缴纳稻米时，负责征收的官员需要算出稻米中夹杂的秕稻数量，再让农民补缴相应数量的稻米。

有一次，一个纳粮大户需要缴纳1534石（石是一种容量单位，宋朝的1石约等于现在的60千克）稻米。当时，秦九韶作为征收的官员，他注意到这个纳粮大户缴纳的稻米中秕稻数量比其他人少很多。他心生疑惑：为什么这个纳粮大户缴纳的稻米中秕稻数量会这么少，会不会是有意迷惑自己呢？他询问纳粮大户，这位纳粮大户坚称是因为自己的稻米种植得比较好，因此秕稻数量少。秦九韶心想："在同一片地区、同样的气候条件，稻米质量不应该差别这么大，其中一定有怪事。"

只见秦九韶在稻米中间来来回回忙碌了好一阵儿,他发现这个纳粮大户偷奸耍滑,不仅把上层的秕稻挑出一部分放到下层,还特意在下层放了很多秕稻。

这个纳粮大户没想到秦九韶竟然识破了他纳粮作弊的事情,知道再也瞒不下去,只好认错受罚,补缴了相应的稻米数量。

那么,秦九韶是怎么发现这个纳粮大户在作弊的呢?原来他是利用随机抽样的方法进行统计推理的。

他先从上层随机抽取了一把稻米作为样本,数出这把稻米共有254粒,其中有28粒是秕稻。通过样本,他计算出秕稻占这把稻米的$\frac{28}{254}$。然后,他用$1534 \times \frac{28}{254}$,得出秕稻数约为169石。在上层多次抽取算得的结果相差无几。正常情况下,缴纳的全部秕稻应该基本均匀分布,但是秦九韶经过多次抽样统计发现,中、下层的秕稻比例远远高于上层,同样的耕作环境,不可能差异如此大,显然是人为干预的结果。

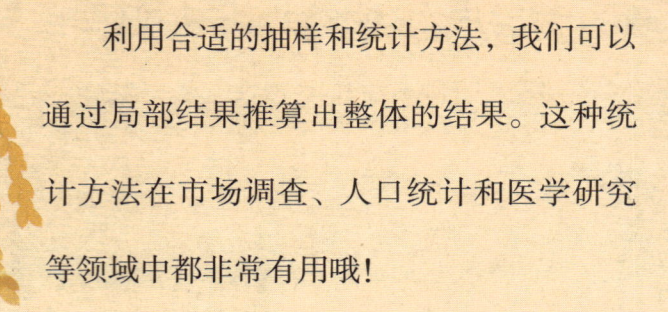

利用合适的抽样和统计方法,我们可以通过局部结果推算出整体的结果。这种统计方法在市场调查、人口统计和医学研究等领域中都非常有用哦!

谁的土地面积更大

在古代，丈量土地是一件复杂且有难度的工作，由于没有现代高科技的测量仪器，以前的人常常因为土地面积的大小发生纠纷。

明朝时期，一个村庄里有两个农户因为各自农田的灌溉水量问题起了争执。他们都认为自己的土地面积更大，应该得到更多的灌溉水量。他们谁也说服不了谁，于是闹到了官府。官府人员没有办法进行准确测量，只是通过目测就判断其中三角形农田的土地面积大，梯形农田的土地面积小。梯形农田的农户感到非常委屈，他决定上告，试图寻找真相。

这件事被当时有名的数学家程大位知道了，他善于研究数学，并运用数学知识解决了很多现实问题。他听到这个农户的遭遇后，决定帮助他。程大位请人帮忙丈量了两块土地的相关数据，又在纸上进行了周密计算，最终得出结论：梯形农田的土地面积比三角形农田的土地面积更大。其他人纷纷询问他是怎么计算的，原来他计算梯形农田的面积，用的是"并两广折半乘长"的方法，即（上长＋下长）÷2×高；而计算三角形农田的面积，用的是"以广折半乘长"的方法，即（底长÷2）×高。官府人员在反复测量并计算了相关数据后，最终也验证了程大位的结论是正确的。

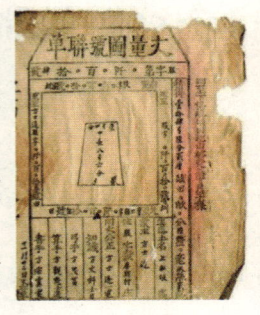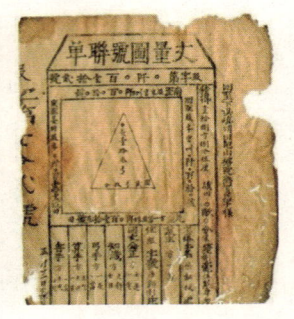

程大位还帮忙测量了灌溉水渠的长度和宽度，并根据水流速度计算出了单位时间内流过水渠的水量，然后按照每平方米土地所需的水量，计算出了梯形农田和三角形农田所需的总水量，并公平地进行了水量分配。在程大位的帮助下，官府人员公平公正地解决了两个农户的纠纷。

程大位总结了各种形状田地的面积计算方法，并将相应的计算公式记录在他的著作《算法统宗》中，他的研究也被后人广泛应用。

"死亡天使"背后的秘密

小朋友们,你们知道吗,统计可不是单纯的数字游戏,有时候统计可是辅助人们破案的好帮手呢!

在美国马萨诸塞州北安普敦的医疗中心里,有个超级厉害的病房护士叫克里斯汀·吉尔伯特。如果有病人心脏停止,她经常是第一个发现并及时呼叫急救小组来抢救的人。有时候她甚至能在急救小组到来前给病人注射一剂刺激心脏的药物,这一做法挽救了很多人的生命,因此大家给她起了个"死亡天使"的称号。

可是后来,医院里因心脏停止跳动而死亡的人越来越多,恰巧医院储存的肾上腺素药物也莫名其妙地减少了。其他护士们开始猜测是不是吉尔伯特护士故意给病人使用了大剂量的肾上腺素药物,让他们心脏病发作,这样她就可以扮演英雄拯救他们。如果真是这样的话,吉尔伯特护士可就犯了重罪!

医院进行了内部调查,虽然吉尔伯特护士有接触肾上腺素药物的机会,但没有人看到她实施注射行为。而且,那些死亡的病人大部分都年纪较大,发生心脏问题的概率也比较大。

可是,医院的工作人员觉得调查结果不能让人信服,因此找了警察帮忙调查。警察想到了一个好办法——数据统计!他们用直方图统计了院近十年的死亡人数,按照班次将每天分成三个时间段,每一根竖条都表示该年该班次的死亡人数。

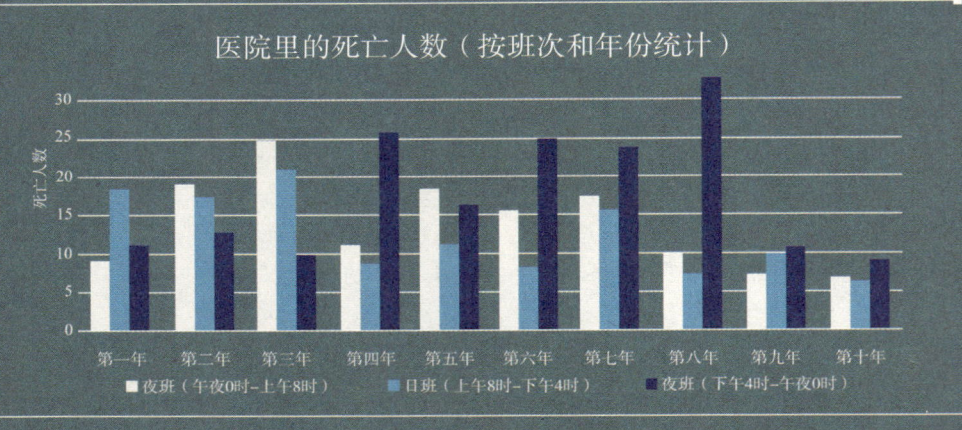

通过统计,警察发现,起初两年每年每班次大概有10个病人死亡。然后在第三年到第八年,死亡人数明显增加,而这几年正是吉尔伯特护士在病房工作的时候。最后两年,死亡人数又回落到每年每班次大概10人,这两年是吉尔伯特护士调到管理层的时间。

警察还调查了吉尔伯特护士的值班记录,发现死亡人数明显增加的班次几乎都是她当班。吉尔伯特护士在法庭上辩解说这只是巧合，但警察随即又列出了数据表格，该表格选取了吉尔伯特护士在职期间18个月的统计数据，数据显示在18个月内，吉尔伯特护士看护的257个病人中，竟然有40个病人死亡！这怎么可能是巧合呢？

死亡人数（人）		班次上的死亡情况		
		有死亡	无死亡	合计
吉尔伯特是否当班	是	40	217	257
	否	34	1350	1384
	合计	74	1567	1641

于是法官判定，统计分析的结果可以作为起诉吉尔伯特护士的重要证据，随着案件被更深入地调查，吉尔伯特护士最终被绳之以法。

寻找消失的摄影师

在我们的印象里，摄影师是令人羡慕的职业，摄影师大多挎着高级相机穿梭在各种场合，行走在美丽的山水之间。但事实上，他们的工作并不像我们想象的那样轻松，有时候甚至需要冒着生命危险去拍摄。

尤金·史密斯是一位美国新闻摄影师，他勇敢、细心，总是能拍到独特的新闻照片，但也因此惹上了不少麻烦。

有一天，史密斯在完成工作后突然失踪了。他的同事立刻报警，并声称史密斯是在一家便利店门口消失的。警察随即来到事发的便利店，他们发现这个便利店旁边有一条单向行驶的马路，便利店向东130米有一个社区监控摄像头，能拍到100米以内的影像，便利店向西50米是一家银行，银行门口的监控摄像头只能拍到10米以内的影像。这两个监控摄像头之间约有180米的距离，这意味着其中约有70米是监控摄像头拍不到的盲区。

警察调查了史密斯失踪前后这两个监控摄像头的画面，都没发现他的身影，这就意味着，史密斯是在这70米的盲区内消失的。警察调查了附近的店铺，但没有找到任何线索。他们又查看了交通地图，发现这70米内没有公共车站，那么史密斯极有可能是被私家车带走的。

但是，这么多车怎么找呢？这时，一名警察想到了一个办法。他说："两个监控摄像头之间的距离是固定的，每辆车的速度也差不多，所以每辆车经过这段距离的时间也应该差不多。如果有一辆车在这段路上有所停留，那么这辆车就会花费更长的时间通过这段路。"

于是，警察们开始计算每辆车通过这段距离所用的时间。在几百辆车中，有一辆绿色的小汽车引起了警察的注意，它所用的时间比其他车多了30秒！而正常情况下，车辆通过这段距离只需要10秒左右。这辆车为什么要多用30秒呢？除非它在盲区里有所停留。

警察记下了这辆车的车牌，顺藤摸瓜找到了车主的信息。经过调查，史密斯果真就是被这辆车带走的，最后警方成功破获了这起案件，并从史密斯手里拿到了该车主犯罪的照片。

瞧，看似神秘的案子，没想到运用最简单的数学知识"时间＝路程÷速度"就解决了。

金字塔的数字之谜

在埃及广袤的黄金沙漠里耸立着一座座神秘的金字塔，它们如同古老的守门人，静静地守候着一个个古老的谜题。

小朋友们，你们知道吗，金字塔中蕴藏着许多有趣的数字。埃及最大的金字塔是胡夫金字塔，它的塔底是一个正方形，四面分别正对着东、南、西、北四个方向，它的仰角（金字塔侧面的倾斜角度）为51°52′，这个角度被称为"自然塌落现象的极限角或稳定角"。此外，金字塔中还记载着一个神秘的数字——2520，这在数学领域是一个令人惊叹的现象，更是古埃及金字塔神秘文化的代表。今天，让我们走近埃及金字塔，去揭秘这个有趣的数字。

很早以前，考古学家在一座金字塔的石碑上发现了一组象形文字，却无法翻译。

直到1822年，法国语言学天才让-弗朗索瓦·商博良才把这组文字破译出来，原来这组象形文字表示的是一个数——2520。这个数字有什么神奇之处呢？为什么在金字塔的石碑上会刻有这个数呢？这引起了数学家们的兴趣，经过深入研究，数学家们终于揭开了覆盖在2520上的神秘面纱。

细心的数学家们发现，2520具备了非凡的整除特性。

2520÷1=2520　　　　2520÷6=420

2520÷2=1260　　　　2520÷7=360

2520÷3=840　　　　2520÷8=315

2520÷4=630　　　　2520÷9=280

2520÷5=504　　　　2520÷10=252

这说明2520能同时被1、2、3、4、5、6、7、8、9、10整除，即2520是1~10这十个自然数的最小公倍数。参照这个结论，再结合石碑上绘制

的当年修筑金字塔场景的壁画：众多奴隶分成若干支队伍，抬着大大小小的石头上上下下，人们才恍然大悟，原来4000年前的古埃及人早就知道修建金字塔抬石头的各支队伍分配多少人才最合理。如果一支队伍200人，若3人抬一块石头，200÷3=66……2，则有2人没事干；若7人抬一块石头，200÷7=28……4，则有4人没事干……随便组织几支队伍，由于石头的大小不同，这么多支队伍就会有不少奴隶闲着，这种浪费劳动力的情况对于奴隶主来说很不划算，所以为了提高工作效率，当时精通数学的监工想出了每支队伍由2520人组成，这样无论2人抬一块石头，3人抬一块石头……还是10人抬一块石头，都不会有奴隶闲着。这真是绝妙的安排！

数学家们还发现，一周有7天，一个月有30天，一年有12个月，将这些数相乘刚好是2520，即 $12 \times 30 \times 7 = 2520$。

2520，它的独特魅力穿越时空，让我们感受到数学的无穷魅力。让我们怀着探索的热情，一同踏上探索数学的征途，发现更多隐藏在数字背后的奇迹与智慧吧。

哥尼斯堡七桥问题

18世纪时，欧洲普鲁士有一座引人入胜的城市——哥尼斯堡（今俄罗斯加里宁格勒）。哥尼斯堡城中有一条普雷格尔河，普雷格尔河有两条支流在城中交汇。人们在普雷格尔河上架了七座造型各异的桥，将岛与河岸连接起来。优美的自然风光加上独特的桥梁建筑使哥尼斯堡成为旅游胜地。居民和游客常常在这些桥上漫步，欣赏美丽的景色。渐渐地，爱动脑筋的人们提出了这样一个有趣的问题：是否有一条路线，可以不重复地走完七座桥，最后重新回到起点呢？这就是著名的"哥尼斯堡七桥问题"。

这个看似简单的问题引起了许多人的兴趣，大家尝试了各种走法，始终没有找到一个满意的答案。这个问题也引起了哥尼斯堡大学学子们的兴趣，然而他们也以失败告终。于是他们写信给当时彼得堡科学院的天才数学家欧拉，请他帮助解决这个问题。

欧拉收到了他们的求援信后，开始思考这个问题。他发现这个问题实际上是一个数学问题。他以数学的眼光将这一复杂的问题进行了简化，将岛与两岸陆地分别看作岛区、南区、北区、东区4个地点，并把它们抽象成 A（岛区）、B（南区）、C（北区）、D（东区）4个点，把7座桥梁简化成7条连接4个点的线段，用 a、b、c、d、e、f、g 表示。于是，一次无重复地走过7座桥的问题，就转化为"一笔画"题。

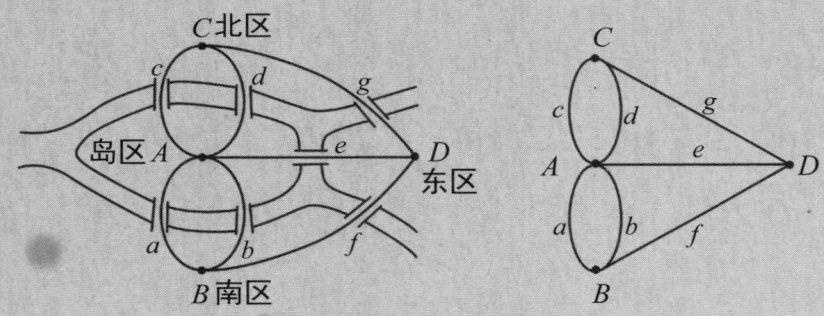

欧拉发现，一个图如果可以一笔画成，必定由一个起点开始，最终到达一个终点，其他的点是"经过点"。现在看"经过点"具有怎样的特点。既然是经过，必定有进有出，从一条线进入这个点，然后从另一条线走出这个点，因而在"经过点"进出线的总数应该是偶数。于是，把一个图形中有偶数条线连接的点叫作偶点。同理，把有奇数条线连接的点叫作奇点。例如，图中的 A 点有 5 条线相连，它是奇点，B、C、D 点均有 3 条线相连，也是奇点。再看起点，如果起点和终点是同一个地方，那么起点就是偶数点。如果起点和终点不是同一个地方，那么起点和终点就都是奇数点。一张图如果能用一笔就画完，那么奇数点只能有 2 个或者没有。图中 A、B、C、D 点均为奇点，由此判断该图不能一笔画出，也就是不可能不重复地通过七座桥。

由此我们可知，如果一个图形可以一笔画出来，须满足如下 2 个条件：

（1）图形必须是连通的，即图中的任意一点通过一些线一定能到达其他任意一点。

（2）图中的奇点数只能是 0 或 2。

就这样，经过一年的研究，29 岁的欧拉圆满地解决了这一问题，并于 1736 年向彼得堡科学院递交了一篇题为《哥尼斯堡的七座桥》的论文，他的论文震惊了当时的数学界，开创了数学的一个新分支——图论与几何拓扑。

神秘的河洛图

在中国古代数学史上，神秘的河洛图以其古老的符号和精妙的排列展现了古人的智慧。

相传在遥远的古代，当大禹正在积极治理汹涌奔腾的黄河时，洛水这条黄河的支流中，浮现出一只巨大的乌龟，它背上神秘的图案被称为"河洛图"。这幅奇妙的河洛图由黑点和白点组成，呈现出一个数阵的形态，其中蕴含着数学规律。

在下面这幅河洛图中，每一组黑点和白点都代表一个数字，请你把数字（点的个数）写出来，填写到右边的空格中。

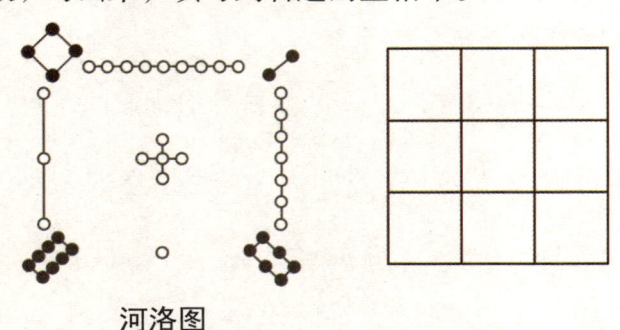

河洛图

把数字写出来就是下页中这幅图。表中每行、每列，甚至对角线上的三个数字加起来的总和都是一样的。

4	9	2
3	5	7
8	1	6

这样由 1、2、3、4、5、6、7、8、9 或任意 9 个数组成的三行三列方阵，其对角线、横行、纵列的和都相等，我们通常称这样的方阵为三阶幻方。三阶幻方是最简单的幻方，也叫作"九宫格"。

河洛图展现的三阶幻方究竟有哪些规律呢？让我们一起来深入探究一下。

首先可以确定中间的数一定是 5。填入方格中的这 9 个数的和是 1+2+3+…+9=45，45÷3=15，可以看出每行、每列、每条对角线上 3 个数的和都是 15。而正中间的数在计算中间行、中间列、两条对角线上 3 个数的和时都加入了计算，相当于在 1~9 分别算了 1 次的基础上中间的数又多算了 3 次。根据 15×4−45=15，15÷3=5，可知正中间的数一定是 5。

根据幻方和为 15，中心数为 5，我们来看和为 15（三行、三列、两条对角线）的等式：

1+5+9=15　　2+5+8=15

3+5+7=15　　4+5+6=15

1+6+8=15　　2+4+9=15

2+6+7=15　　3+4+8=15

这8个等式正好是三行、三列、两条对角线上的8个等式。观察可以发现："5"出现了4次，在9个格子中只有中间格的数被用了4次。现在，我们可以验证一下每行、每列和两条对角线上的数字和是不是相等。横行的和：第一行为4+9+2=15，第二行为3+5+7=15，第三行为8+1+6=15；竖列的和：第一列为4+3+8=15，第二列为9+5+1=15，第三列为2+7+6=15；对角线的和：主对角线为4+5+6=15，副对角线为2+5+8=15。不管怎么看，数字加起来的和都是15，如下图所示，这就是三阶幻方的神奇之处。

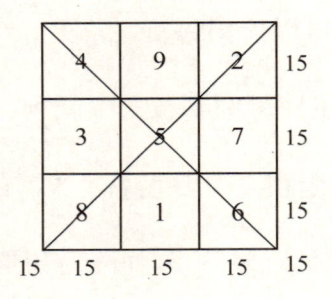

上述是较为简单的三阶幻方，而三阶幻方中的数字不仅可以是1~9，还可以是其他的数。请用1、3、5、7、9、11、13、15、17完成下面的三阶幻方。

这里给出其中一种解法。

3	13	11
17	9	1
7	5	15

除了三阶幻方，还有四阶幻方、五阶幻方……感兴趣的同学可以继续研究哟！

星星追踪者：
古巴比伦人如何用数学了解天文

嘿，小朋友们，你们有没有想过夜空中的星星是怎么移动的？为什么有时候我们能看到某些星星，有时候又看不到它们呢？很久很久以前，古巴比伦的天文学家就开始用数学来探索天空的秘密了。今天，我们就来聊聊这些古代的"星星追踪者"是如何探秘的吧！

想象一下，你生活在几千年前的古巴比伦，没有手机、没有计算机，甚至连望远镜都没有。但你非常想知道夜空中星星的秘密。古巴比伦的天文学家就是这样，他们用着最原始的工具——他们的眼睛和一些简单的数学工具，开始了解美丽的星星。

古巴比伦的天文学家发现，虽然他们不能直接和星星对话，但他们可以通过观察星星的运动，用数学来"翻译"一些信息。他们最感兴趣的一颗星星是金星，因为金星有时在清晨出现在东方，有时在傍晚出现在西方。他们想知道：金星的运动有什么规律吗？

为了解答这个问题，古巴比伦的天文学家开始记录金星出现和消失的时间。他们使用了一种特别的方法，叫作"周期性观察"，这意味着他们每天都观察金星，记录它何时升起，何时落下。然后，他们使用数学工具来分析这些数据。

通过长时间的观察和记录，古巴比伦的天文学家们发现了一个惊人的秘密：金星作为晨星和夕星出现的时间，居然是有规律的！他们发现金星大约每8年就会重复一次它的运动模式，这就是我们所说的"周期"。

但是，他们是如何计算出来的呢？他们用了一种叫作"算术"的数学方法。算术就是我们现在学习的加减乘除。古巴比伦的天文学家通过计算金星出现的间隔天数，然后找出这个间隔时间的平均值，这样他们就能预测金星下一次作为晨星或夕星出现的时间了。

这种方法听起来好像很简单，但在没有现代工具帮助的情况下，古巴比伦人的这种发现其实非常了不起。他们不仅预测了金星的运动，还观察和记录了月亮和太阳的运动，他们甚至能够预测日食和月食发生的时间。这一切都靠他们对数学的理解和应用。

现在，你知道了吗？数学不仅仅是学校里的一门课程，它还是一把探索夜空中星星世界的钥匙。古巴比伦的天文学家们通过他们对数学的理解，开启了天文学的大门，让我们知道了更多关于星星的秘密。

所以，下次当你在夜晚抬头仰望星空时，想想以前的天文学家是如何用数学工具解开星星的秘密的，也许你也会被其中的秘密所吸引，用你学到的数学知识，去探索更多未知的世界吧！

独孤信的印章

在陕西历史博物馆内，收藏着一枚小小的印章，别看它小小的不起眼，它的主人可是南北朝时期大名鼎鼎的将领独孤信。独孤信不但长相俊美，而且善于骑射、智勇双全，集多种官衔于一身。因为官衔较多，独孤信每次在回复公文时，都不得不在众多的印章中寻找想要的印章，这实在是件麻烦事。有一天，他灵机一动，决定把办公需要的所有印文都集中刻在一枚印章上，于是就有了下面这枚造型独特的独孤信印章。

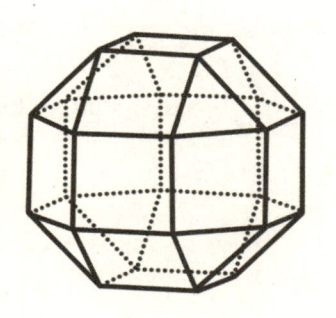

传统的印章大都是长方体、正方体或圆柱体形状的，而独孤信的这枚印章却有26个面，其中有18个面是全等的正方形，另外8个面是全等的正三角形。在数学上，我们把这种类型的几何体称作半正多面体。

什么是半正多面体？在此之前，我们先来了解一下什么是正多面体吧！正多面体是指各个面都是全等的正多边形，并且各个多面角的形状完全相同的多面体。这样说你可能不太理解，我们不妨举个例子：下图左边的几何体有4个面，每个面都是全等的正三角形，它有4个多面角，并且这4个多面角的形状完全相同，这个多面体就是正四面体。右边的这个几何体有6个面，虽然它的各个面也是全等的正三角形，但它并不是正六面体，因为它的5个多面角的形状不是完全相同的。

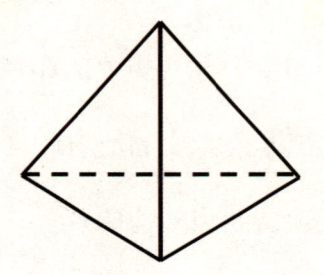

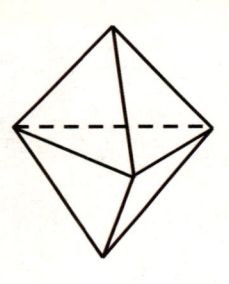

早在约公元前5世纪的古希腊，毕达哥拉斯学派就证明了三维空间中的正多面体只有5种：正四面体、正六面体、正八面体、正十二面体、正二十面体。

正四面体　　正六面体　　正八面体　　正十二面体　　正二十面体

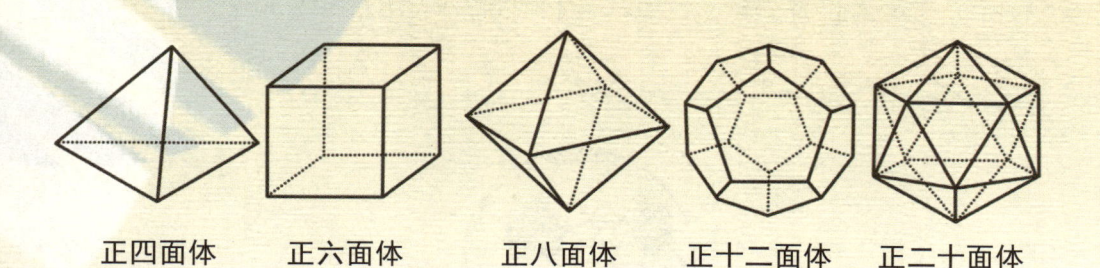

而半正多面体的要求就没有正多面体那么严格，半正多面体是指由两种或两种以上的正多边形围成的多面体。约公元前2世纪，数学家阿基米德在三维空间中找到了13种半正多面体。

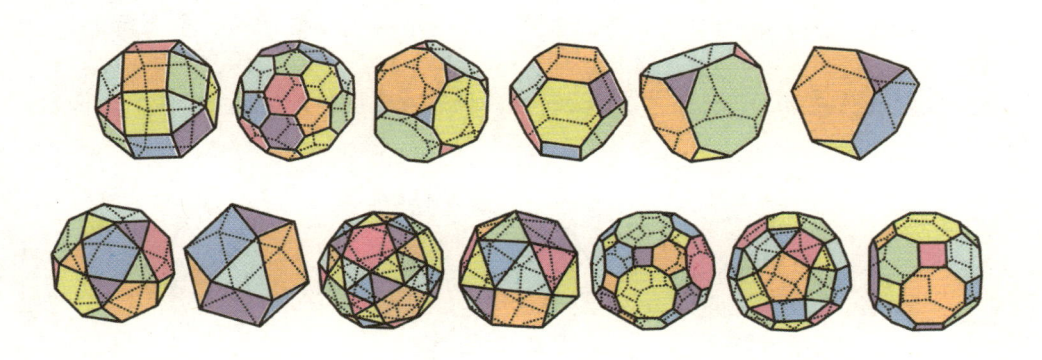

独孤信的这枚印章就属于其中之一。其实，我们平时常见的足球就是一个近似的半正多面体。足球有32个面，其中有12个面是近似的全等正五边形，有20个面是近似的全等正六边形。

半正多面体有没有让你眼前一亮呢？你是否用磁力片拼过类似的形状？不妨重新拿起磁力片，试着拼一拼独孤信的印章和足球吧！

> **知识链接**
>
> 多面角：三个或三个以上平面围成的有一个共同顶点的角，多面角由几个面围成就称作几面角。例如，在下面的立体图形中，有1个四面角和4个三面角。

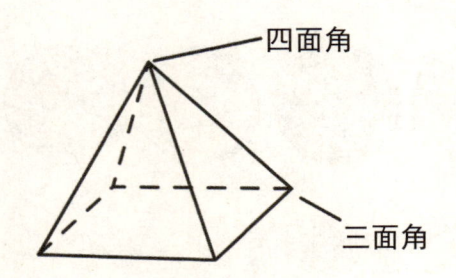

屋顶为什么是弯曲的

西周时期，周武王的儿子周成王继位以后把唐地（后改为晋）封给了他的弟弟叔虞。叔虞到了唐地以后，兴修水利，发展农业，让唐地的百姓过上了安定富足的生活。后人为了纪念叔虞，便在晋水源头建了一座寺庙供奉他，叫作晋祠。到了北宋时期，宋仁宗非常钦佩叔虞勤政爱民的优良品质，将他追封为汾东王，又在晋祠内修了一座气势宏伟的宫殿——圣母殿，用来纪念叔虞的母亲，也就是周武王的妻子、姜子牙的女儿邑姜。

晋祠圣母殿是宋朝建筑的代表作，体现着我国当时最先进的建筑水平。仔细观察这座美丽而壮观的宫殿，我们发现它的屋顶不是直的，而是弯曲的。为什么当时的工匠们要把屋顶建成弯曲的？这是因为相较于直

的屋顶，弯曲的屋顶不仅看起来更加美观，还能使落到屋顶的雨水更快地排落到地面。

弯曲的屋顶会比笔直的屋顶更好地排落雨水？是不是觉得不可思议？带着这个疑问，我们来看一个有趣的实验。

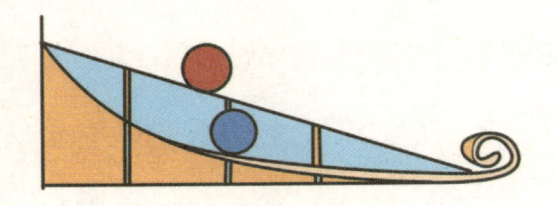

两个小朋友在同一高度同时释放红、蓝两个球，这两个球除颜色外，大小、形状、质量都完全相同。红球的轨道是笔直的，蓝球的轨道是弯曲的，哪个球最先滑到终点呢？

答案是蓝球。是不是有点意外呢？明明两点之间的最短距离是连接这两点的直线段长度，可最先到达终点的却是在弯道上滚动的球。当然，也不是在所有弯道上滚动的球都比在直道上滚动得快，实验中蓝球所在的是一条弯曲程度恰到好处的特殊轨道。

想要了解这条特殊轨道，我们先来了解数学、物理学中一个非常重要的问题——最速降线问题。这一问题最早由伽利略于1630年提出，他当时认为圆弧是最速降线，也就是球沿着圆弧轨道下落速度最快。后来约翰·伯努利等人证明了最速降线不是直线、圆弧，而是旋轮线，也称作摆线。

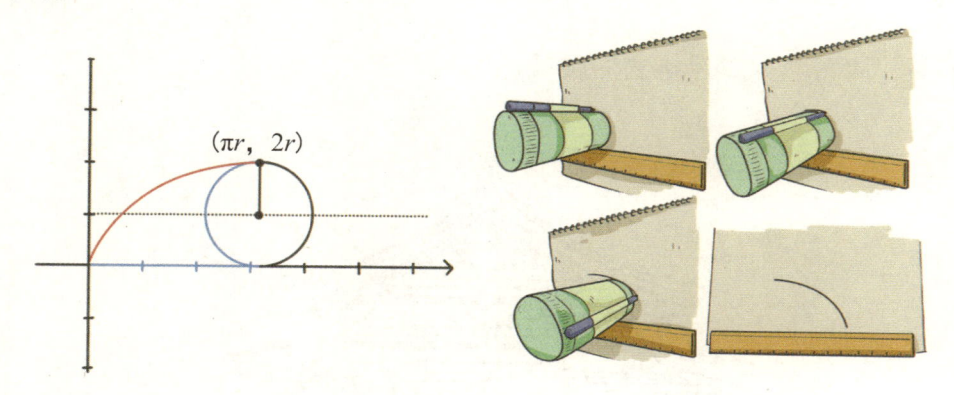

什么是旋轮线（摆线）呢？一个圆在平面上沿着一条直线滚动，圆周上一个定点的运动轨迹就是旋轮线。你可以在家里找一个圆柱形茶叶筒，用胶带沿圆柱的高固定一支笔，然后让茶叶筒沿着一把直尺滚动，笔尖画出的轨迹就是一条旋轮线啦！

明白了最速降线问题后，我们再说回圣母殿。建筑学家通过研究圣母殿的剖面图，发现屋顶的剖面非常接近旋轮线（下图中红色是直线，粉色是圆弧，绿色是旋轮线），雨水落在这样的屋顶上便能以很快的速度排落到地面，从而减少对建筑物的腐蚀。

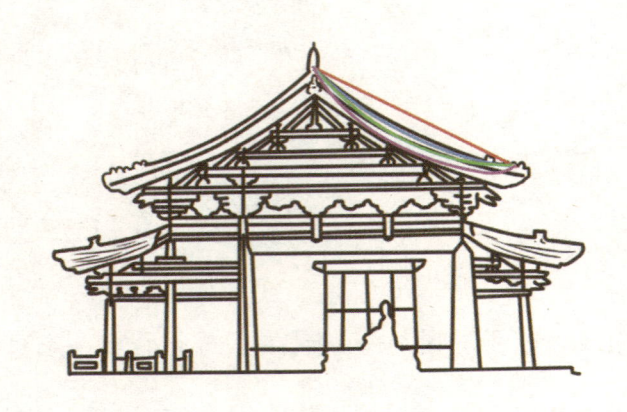

其实，我国许多古建筑，如北京故宫、天津蓟州区独乐寺中建筑屋顶的形状都非常接近旋轮线。古代工匠们虽然不知道最速降线的概念，却用自己的智慧和探索精神建造出这些能快速排落雨水的古建筑，是不是很值得敬佩呢？

古祭坛中的奥秘

我国第一大草原是呼伦贝尔大草原，我国第二大草原是位于天山山脉中部的巴音布鲁克草原。"巴音布鲁克"是蒙古语"富饶之泉"的意思，巴音布鲁克草原拥有世界上多个稀有物种，还拥有亚洲最大、我国唯一的天鹅自然保护区。在这片美丽而富饶的草原深处，有一座神秘的古祭坛。

说它神秘，有3个原因。一是它距今有3000多年的历史；二是祭坛的结构由3个同心圆构成，这种结构经常出现在我国古代祭天场所，如北京天坛的圜丘坛就是这种结构，然而在新疆地区，这种3个同心圆结构的古祭坛却是首次被发现；要说最神秘的，则是这3个同心圆的直径，内圆直径约50米，中间圆直径约70.7米，外圆直径约100米，外圆与中间圆的直径比和中间圆与内圆的直径比的比值都非常接近1.414。我们暂且给1.414这个数取个名字——"神奇的根号2"。

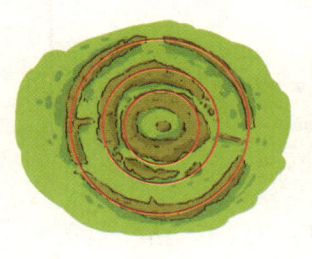

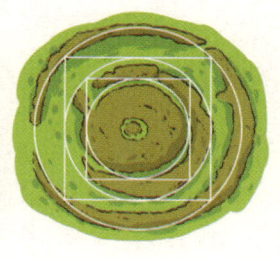

这个名字可不是随意起的，在数学中，如果一个正数的平方等于 a，我们就把这个数称作"根号 a"，如3的平方等于9，3又称作根号9。而

1.414的平方非常接近2，1.414²=1.999369≈2，因此可以把1.414称作"神奇的根号2"。

为什么巴音布鲁克祭坛相邻两个同心圆的直径比都恰好接近"根号2"呢？难道仅仅是巧合？为了解决这个疑问，我们不妨先来看右面这个图形。

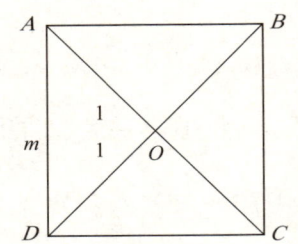

图中的正方形是由4个完全相同的等腰直角三角形拼成的，假设每个三角形的两直角边长都是1，则每个三角形的面积是$\frac{1}{2}×1×1=\frac{1}{2}$，4个三角形的面积是$4×\frac{1}{2}=2$，也就是正方形的面积是2，如果正方形的边长用字母$m$表示，正方形的面积就是$m^2$，我们得到$m^2=2$，因而$m=$"根号2"。也就是说图中每个等腰直角三角形斜边和直角边长度的比值都是"根号2"。这一发现适用于任何等腰直角三角形，即等腰直角三角形斜边和直角边长度的比为"根号2"。

明确了这个问题后，我们再看右边的图，图中黑色正方形的内切圆（红色圆）直径恰好等于正方形的边长（线段BC），而它的外接圆（蓝色圆）的直径为正方形对角线的长度（线段AC）。根据上一段我们得出的结论，等腰直角三角形ABC斜边长与直角边长的比值为"根号2"，因此正方形外接圆与内切圆的直径比也为"根号2"。

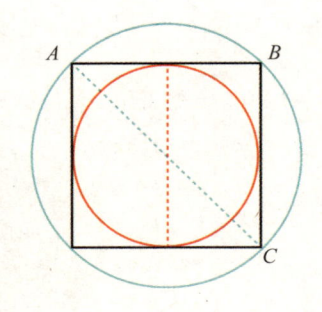

《周髀算经》中有记载："圆出于方，方出于矩。"即古人常以正

方形为基础确定圆，巴音布鲁克草原祭坛也恰好印证了这个结论。我们可以想象，3000年前祭坛的设计者先画出一个边长为50米的正方形，再画出正方形的内切圆和外接圆，也就是直径为50米的小圆和直径为50×1.414=70.7（米）的中间圆，然后利用中间圆画出边长为70.7米的大正方形，最后画出大正方形的外接圆，也就是直径为70.7×1.414≈100（米）的大圆，最终得到了相邻两圆直径的比值都恰好接近"根号2"的3个同心圆。

除巴音布鲁克草原的这座祭坛外，内蒙古红山文化遗址中也有一座像这样有3个同心圆且相邻两圆直径之比约为"根号2"的古祭坛。

《左传》有云："国之大事，在祀与戎"。祭祀文化是我国几千年传统文化的重要组成部分，祭坛作为祭祀活动的重要场所，其设计与建造也充分体现了我国先人的数学智慧。

知识链接

直线与圆相切：若一条直线（线段）垂直于圆的半径且过圆的半径的外端，则称这条直线（线段）与圆相切。

正方形的内切圆：与正方形各边都相切的圆叫作正方形的内切圆。

正方形的外接圆：与正方形各顶点都相交的圆叫作正方形的外接圆。

正方形的对角线：正方形不相邻的两个顶点之间的连线。

千年古堤坝——渔梁坝

安徽省黄山市歙（shè）县新安江上游练江上有一座千年古拦河坝——渔梁坝。渔梁坝建于隋末唐初时期，是越国公汪华治理歙县时建造的。明清时期，徽商达到鼎盛，徽商的重要发源地就在歙县。早期歙县的徽商外出经商时走的是水路，水路运输要靠天吃饭，水多了成灾，水少了又不好撑船，渔梁坝此时就起到泄洪防旱的作用，解决了徽商远行经商的水患难题，渔梁坝也因此被称作徽商"梦开始的地方"。

渔梁坝的坝身和我国大多数堤坝一样，横截面呈梯形结构（如下页图所示），坝长约138米，底宽约27米，顶宽约4米，高约5米，通体用坚固的花岗岩层层堆叠而成，整个古堤坝既坚实又美观。

138米　4米　5米　27米

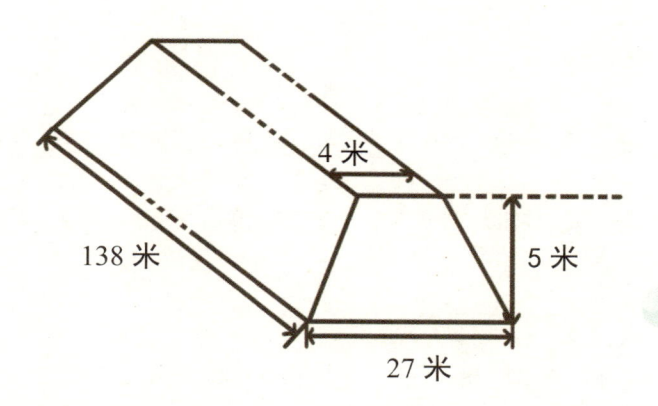

古代生产力相对落后，不像我们现在有挖掘机、起重机、运输车等工程器械，当时开采和运输所需的石材需要耗费大量的人力，因此在施工前合理预估筑堤石材用量是一项非常重要的工作。石材准备少了修不好堤坝，准备多了又会造成浪费。古人是如何较为准确地预估筑堤石材用量的呢？

我们知道，渔梁坝通体采用花岗岩，因此筑堤石材用量近似于坝身的体积。如果我们能够算出渔梁坝坝身的体积，就可以大致得出建造渔梁坝的石材用量啦！可是，怎样计算这座堤坝的体积呢？

联想梯形面积公式的推导过程，我们可以将两个完全相同的"堤坝"拼成一个大的立体图形，这个立体图形的横截面是平行四边形，如下左图所示。

再联想平行四边形面积的推导过程，我们可以将这个立体图形切、补成一个长方体，如下右图所示。

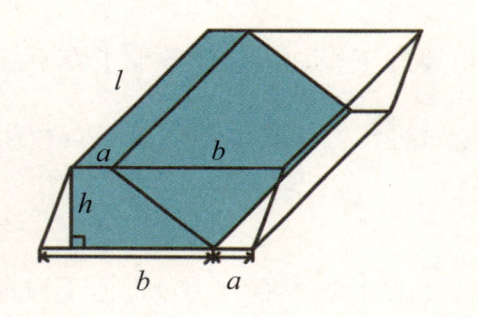

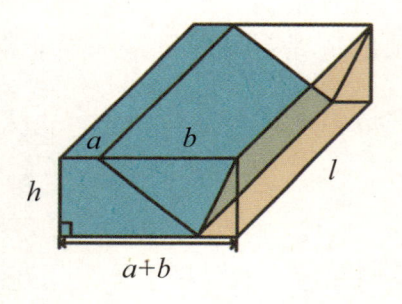

哇！堤坝被转化成我们学过的立体图形——长方体了！

"堤坝"的体积 ×2= 拼成的长方体的体积，根据上图，我们知道，长方体的体积 =(a+b)×h×l。

因此，堤坝的体积 $=(a+b)\times h\times l\div 2$。

根据这个公式，我们就能计算渔梁坝的体积。渔梁坝坝长约 138 米，底宽约 27 米，顶宽约 4 米，高约 5 米，代入公式有 $V_{渔梁坝}=$（4+27）$\times 5\times 138\div 2=10695$（立方米），说明当年建造渔梁坝所需的石材约为 10695 立方米。

随着时间的流逝和历史的变迁，渔梁坝从唐朝最初的方便军民取水、灌溉农田和防洪抗旱之用，到明清发展为徽商船只远行的重要码头，再到如今虽然已少有船只通行，但其因得天独厚的地理环境成为旅游胜地，促进了当地经济的发展。渔梁坝就像母亲一样守护着一代又一代的新安江流域人民，被人们称为"江南第一都江堰"。

重摆海昏侯墓古铜钱

西汉时期，汉武帝最小的儿子汉昭帝刘弗陵薨（hōng）逝后，因其没有子嗣，权臣霍光便拥立当时的昌邑王刘贺为帝。后来霍光又以刘贺"荒淫无行，失帝王礼宜，乱汉制度"为由，借太后的名义将仅做了27天皇帝的刘贺废黜，重新拥立汉武帝的曾孙刘询为帝，史称汉宣帝。

汉宣帝继位后，为防止刘贺复辟，将刘贺幽禁于昌邑（在今山东省菏泽市巨野县），过了几年，汉宣帝见刘贺对其皇权构不成威胁，便对刘贺放松了管制，将刘贺改封为海昏侯，海昏侯国（今江西省南昌市新建区周边）由此形成。后来，刘贺在他管辖的海昏侯国内的墩墩山上建造了陵墓，他死后便被埋葬于此。这座陵墓自此便在地下沉睡。

两千多年就这样过去了。2011年，一群盗墓贼发现了这座古墓。盗墓贼在盗掘时被当地村民抓住，村民报警后，考古人员对古墓进行抢救性发掘，海昏侯墓终于重见天日！

因为刘贺曾经当过皇帝，所以虽然他去世的时候是以列侯身份下葬的，但是其陪葬品规格仍可以和帝王媲美。海昏侯墓内出土了大量的金器、玉器、青铜器、竹简、漆器等珍贵历史文物，其中出土的黄金重达115千克，铜钱约为10吨，约有200万枚！下图便是铜钱摆放在海昏侯国遗址博物馆中的样子。

我们看到这些铜钱并没有被摆放整齐，而是零散堆放的。为了使这些铜钱看起来更加整齐美观，我们可以先用绳子把它们串起来。按照汉代的串钱方法，每1000枚铜钱串成一缗（mín），这200万枚铜钱可以串成2000缗。

串完后，我们就可以将这些铜钱一缗一缗地码放好，如下图所示。

如何码放能让缗数一目了然呢？不知道大家有没有见过工人叔叔码放管材，他们将管材码放成很多层，自下而上，每一层比下一层少一根管材，这样码放既整齐美观，又便于计算管材数量。

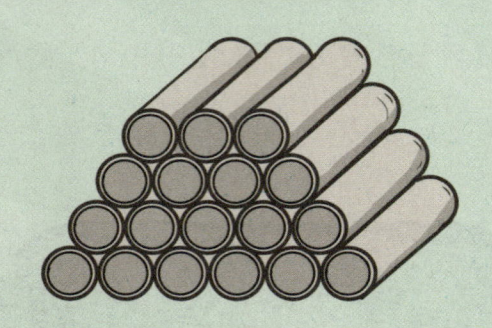

按照这种码放方法，如果最上面一层放 3 缗铜钱，最下面一层放 6 缗铜钱，每一层比上面一层多 1 缗，共码放 4 层，这堆铜钱一共有多少缗呢？为了研究这个问题，我们先把每缗铜钱的截面看成一个边长为 1 的正方形，如右下图所示。

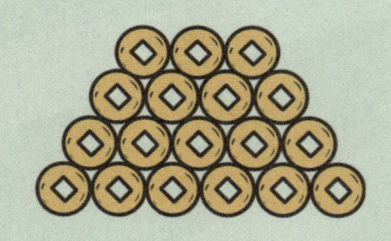

因为每个正方形的面积是 1，所以右上图中正方形的总面积是几，正方形的个数就是几。我们使用数学中很重要的"转化法"，把"正方形的个数"问题转化成"正方形的总面积"问题。

接下来，我们将上页图中的每层正方形沿左侧"对齐"，变成下面的样子。

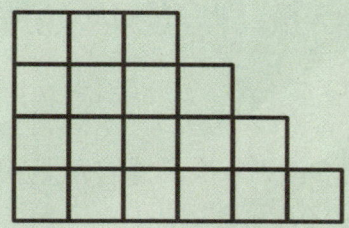

然后，把一模一样的这样两堆小正方形拼成下面的大长方形，这个长方形的底为 3+6，高为 4，因此面积为 (3+6)×4=36，铜钱的缗数为长方形面积的一半，也就是 (3+6)×4÷2=18。

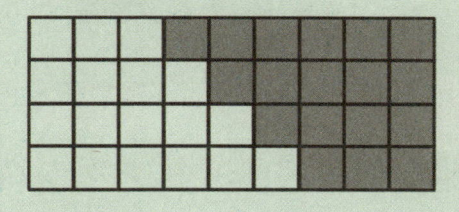

采用同样的方法，如果最上面一层码放 a 缗铜钱，最下面一层码放 b 缗铜钱，每一层比上一层多 1 缗，共码放 n 层，铜钱的缗数是多少呢？缗数是 $(a+b)×n÷2$。看到这个公式，你一定能想到我们学过的梯形面积公式吧！这里的 a 相当于梯形的上底，b 相当于梯形的下底，n 相当于梯形的高。

利用这个公式，我们算一算，如果博物馆的工作人员将 200 万枚铜钱串成缗，一堆一堆地码放，每一堆顶层码放 11 缗，底层码放 30 缗，共码放 20 层，每一层比上一层多 1 缗，2000 缗大约可以码放几堆呢？

根据公式，每堆码放的铜钱总数为 (11+30)×20÷2=410（缗），2000÷410≈5（堆），大约可以放 5 堆。

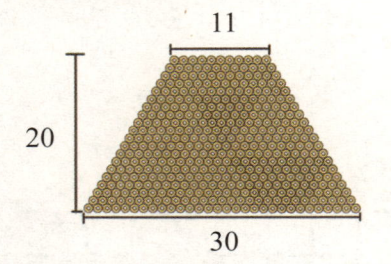

这个公式的作用仅仅是计算铜钱的缗数或管材的根数吗？当然不是！运用这个公式还能进行简便计算呢！当你需要进行如 $m+(m+1)+(m+2)+\cdots+(m+k)$ 这样的连续整数相加运算时，运用这个公式能让计算变得又快又对。

你的好奇心是不是被勾起来了？我们来看一个例子。例如，计算 $10+11+12+13+\cdots+19+20$，这是 11 个连续整数相加，10 相当于公式里的 a，20 相当于公式里的 b，11 相当于公式里的 n，(10+20)×11÷2=165，因此，$10+11+12+13+\cdots+19+20$ 的计算结果是 165。

著名数学家高斯在 10 岁时巧算出 $1+2+3+\cdots+99+100$ 的答案是 5050，我们可以用上面的公式算出相同的结果：(1+100)×100÷2=5050。

青铜卡尺

在扬州博物馆，有这样一把神奇的尺子，它跨越了两千多年的时光，从西汉款款走来，吸引了众多学者的目光。这把尺子出土于东汉早期的砖室墓，是西汉末年王莽新朝时期的物品。

我们都知道测量是进行科学研究的基础和前提，而长度的测量又是测量的第一课。在古代没有出现测量工具时，人们用"一拃""一庹""一步"等借助身体部位表示的单位作为测量标准和工具进行测量。后来，古代的统治者开始寻求测量的精确化，于是便采用木杆或绳子等进行测量，一直到有了长度单位，如毫米、厘米等标准量以后，才出现了我们现在熟悉的刻线直尺。而今天提到的这把青铜卡尺可以测量长度、直径和深度，相比刻线直尺有极大的优势。

在小学阶段的学习中，我们最熟悉的就是直尺。要测量铅笔的长度，我们可以让铅笔与直尺紧贴在一起，铅笔的一端与0刻度线对齐，看铅笔的另一端对应的刻度。这时，为了更加准确地测量铅笔的长度，我们可以在另一端再放上一把三角尺帮助我们读数，如下图所示。

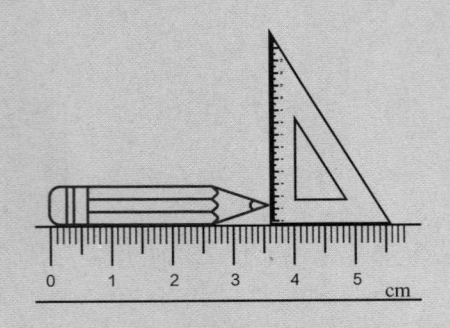

如果要直接测量一个圆形物体的直径，应该怎样做呢？可以用两把三角尺，把无法直接测量的直径长度转换成可用刻度尺测量的长度，如下图所示。

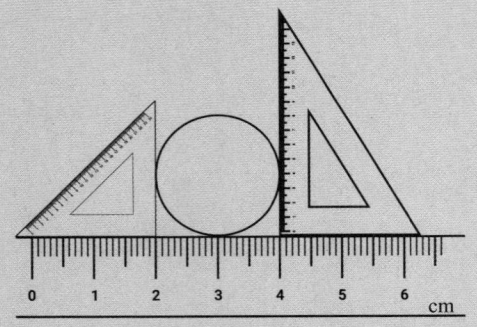

但是，这样测量我们需要准备多个工具，操作起来非常不方便，为了解决这个问题，古人费尽心思创造了"青铜卡尺"这种测量工具。

传统的刻线直尺只有一排刻度，用来画线段和测量长度。而出土于东汉早期砖室墓的青铜卡尺则由固定尺和活动尺两个主要部分组合而成。固定尺上标记有刻度，在固定尺的上端有一个鱼形的长柄，中间有导槽，测量时活动尺可以在导槽中左右移动。正在读这段文字的你，是否有制作一把青铜卡尺的冲动？我们可以试一试，一起向古人致敬。

青铜卡尺的设计特点，使其既可以测量物体的直径，又可以测量物体的长、宽、厚。

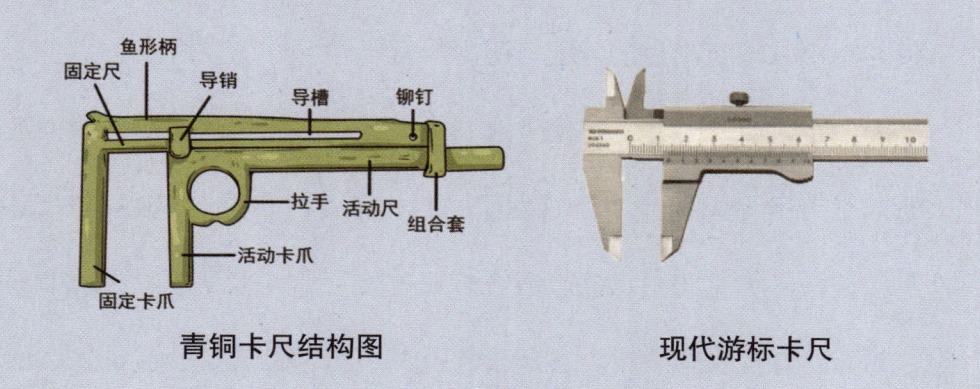

青铜卡尺结构图　　　　　现代游标卡尺

观察上面的两幅图片，我们发现现代游标卡尺与古代青铜卡尺竟有惊人的相似之处，所以我们完全有理由相信，青铜卡尺的发明和使用，推动了古代中国度量衡及数学领域的进步与发展。

汉朝虽然已经湮没在历史的长河中。但是，作为时代的见证，青铜卡尺却永远留给了后世。

凯撒的密信

历史上著名的古罗马皇帝——凯撒大帝被誉为攻无不克的名将。他不仅在军事领域有出色的才能，还擅长密码学。

传说在古罗马时期，曾发生过一次大战。敌方部队朝罗马城推进时，当时的皇帝凯撒向前线司令官发了一封密信，内容是 VWRS WUDIILF。这封密信被敌方情报员截获，敌方翻遍英文字典，也没查出这两个词的意思。然而，古罗马军队司令官却很快明白了密信的含义。这是怎么回事？难道这是皇帝和司令官"自创"的语言吗？

他们使用的其实就是英语，只不过是敌人看不懂的英语。原来，除密信外，凯撒还向司令官发出一个指令："向前三步。"司令官根据这个指令，将密信破译为 stop traffic，意思是停止运输或停止交通。

你一定看明白了吧？凯撒是将每个字母推后3位，得到新的字母用于发送，起到加密作用。例如，将字母 a 换作字母 D，将字母 b 换作字母 E，字母 z 则换作字母 C。司令官接到密信后，只需要将每个字母"向前三步"，就能得到原本的字母啦！

这种密码就叫作凯撒密码，凯撒密码是通过对 26 个英文字母进行替换来达到加密目的的。

凯撒大帝并不是历史上第一个想出信息加密方法的人。商周时期，我国发明了古装版密码本《阴书》；公元前 5 世纪，斯巴达人会将信息写在卷于木棒的皮带之上，只有再次把皮带卷在特定直径的木棒上，才能读懂信息的含义；公元前 4 世纪，古希腊人发明了卷轴式密码本《天书》。

后来，随着编制密码和破译密码技术的发展，"密码学"这门学科逐渐形成。在密码学中，原本的文字称为明文（刚才故事中的 stop traffic 就是明文），加密后的文字称为密文（故事中的 VWRS WUDIILF 是密文）。

明文	a	b	c	d	e	f	g	h	i	j	k	l	m	n	o	p	q	r	s	t	u	v	w	x	y	z
密文	D	E	F	G	H	I	J	K	L	M	N	O	P	Q	R	S	T	U	V	W	X	Y	Z	A	B	C

虽然凯撒密码并不是人类历史上最早的密码，但人们普遍认为，凯撒密码是首个被广泛应用到军事通信领域的密码。如果我们把凯撒密码中原字母和替换字母的距离称作"偏移量"的话，因为英文字母表只有 26 个字母，所以凯撒密码的偏移量可以是 0 到 25，共 26 种可能（偏移量是 0 则相当于没有加密）。

要想破解凯撒密码，只需要将这26种可能都尝试一遍，这种破解的方法称为"暴力破解"或"穷举搜索"。虽然利用现代计算机技术非常容易实现"暴力破解"，但在当时的罗马战场上，凯撒密码就是令敌人望而生畏、束手无策的"黑科技"。

怎样使凯撒密码变得更难破解呢？我们可以将英文字母表打乱，重排26个字母的顺序，这样字母表会有400000000000000000多亿种排列方式，即使借助计算机进行"穷举搜索"也很难暴力破解。

暴力破解行不通，还有其他的破解方法吗？有的，我们可以采用"字母频率分析"法。要知道，在一段英文中，26个字母中的每个字母出现的频次是不同的，通常字母e和t出现的频次特别大，而字母q和z出现的频次特别小，如下图所示。

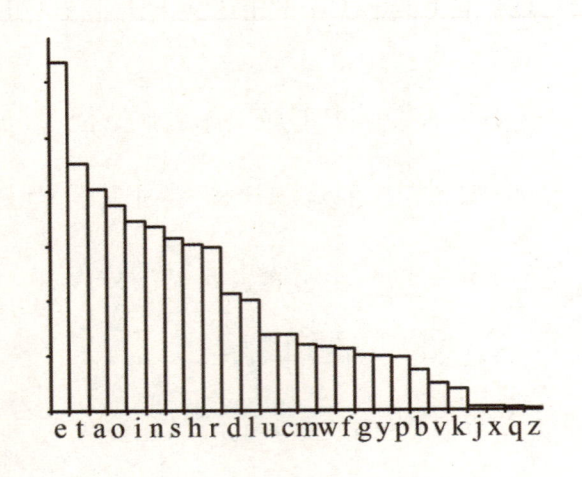

因此，理论上说，如果截获到足够多的密文，我们可以统计其中所有字母出现的次数，按照次数从高到低的顺序排列这些字母，然后逐个对应替换：出现次数最多的字母替换为 e、第二多的替换为 t、第三多的替换为 a……直至替换完密文中的所有字母，就得到了明文。

了解了这么多关于密码的知识，一位爱思考的小朋友创造出了属于自己的密码，明文和密文对应表如下。

明文	0	1	2	3	4	5	6	7	8	9	：	今	明	后	天	见
密文	今	9	0	见	6	8	：	后	2	天	明	3	5	1	7	4

密文"5796 明见今 4"是什么意思？快根据上表破解一下吧！

古巴导弹危机与胆小鬼博弈

1962年的10月16日到10月28日是人类非常危险的13天，这13天是现代世界离全面核战争最近、人类离灭亡最近的一段时间。在这13天中，美国和苏联这两个拥有核武器的大国之间爆发了一场非常严重的政治军事危机，双方都声称要使用核武器解决问题，最终却都选择做"胆小鬼"，危机以相互妥协的结果告终，这就是历史上的"古巴导弹危机"。

古巴导弹危机爆发的直接原因是苏联在美国的"后花园"古巴部署导弹，这一行动被美国侦查发现，时任美国总统的约翰·肯尼迪立即向苏联提出抗议，宣布对古巴进行海上封锁，以阻止苏联运送更多导弹。时任苏联最高领导人的赫鲁晓夫则针锋相对，表示如果苏联的船只受到美国阻拦，他们将进行最激烈的回击。双方为此展开了紧张的谈判，美方威胁要入侵古巴，而苏方表示如果美国入侵，他们将使用核武器。

事情发展到这里，问题一下子变得严重起来！我们知道，如果双方使用核武器，那么引发的核战将是全人类的灾难！

然而，核战并没有发生。因为美、苏双方虽然刚开始态度强硬，不肯率先示弱，但后来，双方的理性还是占据了上风，苏联同意撤除导弹，美国也承诺不入侵古巴，并撤出部署在土耳其接近苏联边界的导弹，危机最终得到和平解决。

这件事情的背后也蕴藏着数学知识呢！我们可以用数学上的"胆小鬼博弈"模型解释这次美、苏之间的互相威胁。"胆小鬼博弈"概念是1959年由英国数学家和哲学家罗素提出的。假设A、B两人在同一条车道上面对面行驶，他们都可以随时选择驶出这条车道。最先驶出车道的人会被对方嘲笑为"胆小鬼"，另外那个一直在车道上行驶的人就成为"胜利者"。如果两辆车都不驶出车道，最终两车将相撞，两人同归于尽。在这种情况下，A和B会采用什么策略呢？

为了解决这个问题，我们来分析一下所有的可能性。

（1）A、B两人都示弱驶离车道，则他们都能保住命，我们把A、B两人的收益情况分别记作2和2，用来表示他们的收益情况相同。

（2）A死磕到底而B示弱驶离车道，这样A是胜利者，我们将A的收益情况记作3，而B成了胆小鬼，但他至少保住了命，收益记作1。

（3）与情况（2）相反，B死磕而A示弱驶离车道，B的收益是3，A的收益是1。

（4）A和B都选择死磕到底，最终两人同归于尽，收益都是0，显而易见，这是两人都不希望出现的最坏结果。这种为了"面子"死磕到底最终送命的做法也是非常愚蠢的。

分析完4种可能性后，我们得到下表。想一想：为了取得更大收益，双方会采用什么样的策略呢？

收益情况		B的选择	
		示弱	死磕
A的选择	示弱	2 2	3 1
	死磕	1 3	0 0

我们先假设A已经决定死磕，且这个消息被B知道了，这时如果B选择示弱，那A获胜，A的收益为3，B的收益为1；如果B也选择死磕到底，那么A、B同归于尽，双方收益都是0。B选择示弱收益为1，选择死磕收益为0，B为了让自己的收益更高一些，最理智的选择一定是示弱。结果就是A死磕到底、B示弱，A和B的收益分别为3、1。

同样的道理，假设B决定死磕，而A知道了这个消息，为了收益更高，

A也一定会示弱，A和B的收益分别为1、3。

也就是说，当任何一方决定死磕到底时，另外一方的理智选择都是示弱。因此，在发生重大冲突时，为了获得最大收益，双方必然都会先放出消息，声称自己选择死磕，希望对方知道这个消息后能选择示弱。有时在国际新闻中，我们看到两个国家剑拔弩张，仿佛下一刻就要爆发大战，但最后真打起来的情况却并不多，这就体现了"胆小鬼博弈"的过程和结果。

就像我们前面提到的古巴导弹危机中的美、苏双方，双方在博弈过程中都摆出"死磕到底"的架势，使得人类一度处在核战的危险边缘，结果却是双方都退让，危机得到和平解决。美国前国务卿杜勒斯曾经说过："我们不怕走到战争的边缘，但是我们必须学会走到战争边缘又不掉入战争的艺术。"显然，肯尼迪和赫鲁晓夫就很好地掌握了这门"艺术"。

其实，"胆小鬼博弈"模型的应用不只在军事方面，在解救人质、公司谈判、法律调解等重大事情博弈时，我们也可以先伪装成要"死磕到底"的样子，在关键时刻则果断转变成"胆小鬼"，避免"同归于尽"的最坏结果。

那是不是面对所有冲突时都应该使用"胆小鬼博弈"模型来帮助我们做决定呢？当然不是啦！我们平常遇到的都是口角争执、同学矛盾、家庭纠纷这样的生活小事，遇到这些问题时我们应该秉承中国"礼之用，和为贵"的优秀传统，用一声"对不起"化解冲突，一句"不要紧"传递暖人的善意，用礼让共筑充满爱的和谐社会。

坠毁的战机"不说话"

第二次世界大战后期,美国对日本和德国法西斯展开了大规模的战略轰炸。天空中每天都有上千架美军战机呼啸而过,其中不少在返程时因被高射炮击中而坠毁。为了加强对战机的防护,美国军方考虑给战机的部分位置加装防护装甲,但是应该加装在哪些部位呢?

美国军方认为这个课题很有必要研究,他们把这个课题交给了当时在哥伦比亚大学任数学教授的亚伯拉罕·沃尔德。沃尔德接到课题后,和美国军方一起研究了那些从空战中幸存归来的战机,并将每架飞机的弹孔画在等比例模型上,得到了右图。

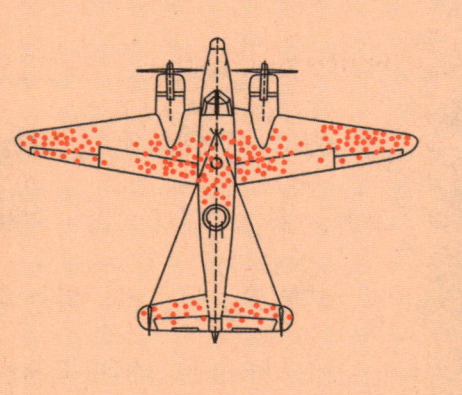

从图中可以看到,弹孔主要集中在机身中央、机翼的两侧和尾翼部分。美国军方因此提议,在弹孔密集的部位加上装甲。然而这个提议却被沃尔德教授否决,他指出这些千疮百孔的轰炸机是从战场上回来的"幸存者",说明这些位置的弹孔并没有对它们造成致命伤害,反而是那些没有弹孔的位置才应该被加固。因为从"幸存者"的情况可以推测,当被击中上图中没有弹孔的位置时,飞机坠毁了。沃尔德的建议被美国军方采纳,飞机坠毁率因此明显降低。

坠毁的战机"不说话",它们的中弹情况被忽视了。美国军方只统计了返航的幸存飞机弹孔分布情况,然而这些"幸存者"正是因为受伤的部位并不致命,所以能返航,而那些被击中坠毁的战机已经没有返航"说话"的机会,导致它们的情况被忽视。

像这样当获得的信息只来自幸存者时,信息就可能与实际情况存在偏差,人们将这种情况称为"幸存者偏差"。在生活中,我们也常因为"幸存者偏差"而得到不正确的结论。

例如,有人说自己的家人一辈子抽烟喝酒,活到90多岁身体依然健康,于是得出结论——抽烟喝酒对身体无害,这只是个别"幸存者"的观点,没有考虑到那些因抽烟喝酒而早早死去的人。

例如,有的小朋友向往明星的生活,一心也想当明星,却忽略了成千上万默默无闻、生活艰辛的演艺人员。

中国有句古话——兼听则明,偏信则暗。在面对"幸存者偏差"时,我们应该用科学严谨的态度去"兼听",千万不能"偏信"那些"幸存者"哦!

运气、天意还是人为

约瑟夫是公元 1 世纪的一名犹太将军，他参加了公元 66—70 年犹太人反抗罗马帝国的起义，并在起义的最后向罗马帝国投降。约瑟夫在日记中写道，守城失败后，他和士兵共计 41 人在洞穴避难，他们宁死也不想落入敌人之手，于是决定按照一定的顺序先后殉国。约瑟夫成为最后两个存活者之一，他说服另一个人和他一起向罗马军队投降。

关于这 41 人的殉国顺序有很多种说法，有一种说法是他们站成一圈，按顺时针方向编号为 1~41，1 号帮 2 号完成殉国，3 号帮 4 号完成殉国，5 号帮 6 号……39 号帮 40 号完成殉国，接下来的 41 号会帮下一个还存活的士兵（也就是 1 号士兵）完成殉国，然后是 3 号帮 5 号完成殉国，7 号帮 9 号……就这样一圈圈地进行下去。

约瑟夫在日记中把他的存活归结于运气或天意，真的是这样吗？会不会是他有意为之，在这场壮烈的殉国行动中当了逃兵？让我们从数学的角度对这个故事一探究竟吧！

41人的情况有些复杂，我们简化一下，先画图讨论总人数为4、8人的情况。

4人：
（第一圈）（第二圈）

8人：
（第一圈）（第二圈）（第三圈）

可以看到，当总人数为4人或8人时，最终存活的都是最初编号为1的士兵。

当总人数为16人时呢？当总人数为16人时，编号为2、4、6、8、10、12、14、16这些偶数的8名士兵会先殉国，此时还剩8名士兵，如果

给他们重新编为1~8号，问题不就转化成总人数为8人的情况了吗？按照前面的讨论，重新编号后的1号士兵会最终存活。那么重新编号后的1号是最初的几号呢？

我们画个图（见右图）看一看。

重新编号的1号恰好也是最初的1号，因此当总人数为16人时，最终存活的也是最初编号为1的士兵。

当总人数为32人时呢？相信你一定已经想到了，还是1号士兵存活。因为当第一轮编号为偶数的士兵殉国后，如果给剩下的16名士兵重新编号，问题就转化成刚才讨论的总人数为16人的情况。重新编号后的1号恰好还是最初的1号，因此最初编号为1的士兵存活。

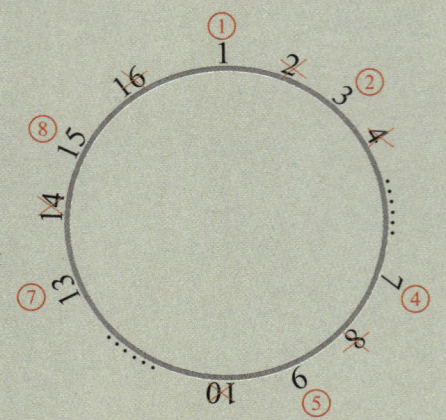

下面，我们来讨论历史上约瑟夫存活的问题。约瑟夫和士兵共41人，最终存活的会是几号士兵呢？

在这里，我们可以继续使用"转化"的数学方法，当编号为2、4、6、

8、10、12、14、16、18 的 9 名士兵殉国后，人数剩 32 人，问题转化成讨论过的 32 人的情况。如果将这 32 人重新编号，最终存活的一定是新的 1 号。

现在距离我们解决问题只剩最后一个关键：最初的哪名士兵是新的 1 号呢？我们再借助画图法看一看吧！

通过右图，我们看出当人数剩 32 人时，下一名殉国的士兵应该是 20 号，所以 19 号就是新的 1 号，最终存活的一定是最初编号为 19 的战士。看来，约瑟夫的存活可能不是因为运气或天意，也许是他有意为之。如果他是个贪生怕死的人，有意在这场殉国的壮烈活动中当逃兵，只要一开始站在 19 号就可以了。

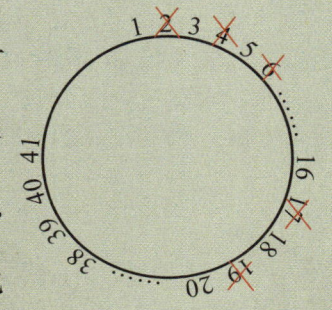

这就是数学上的约瑟夫问题，在 2024 年龙年央视春节晚会上，魔术师刘谦运用"约瑟夫问题"设计的魔术得到了全民的喜爱，你如果感兴趣可以试着研究一下。

巧用数学预测飞机损失

在第二次世界大战时期,当德国对法国等几个国家发动攻势时,英国首相丘吉尔应法国请求,动用了十几个防空中队的飞机和德国作战,在空战中英军飞机损失惨重,法国总理请求英国继续增派飞机参与作战,丘吉尔打算同意这一请求。英国内阁知道后,连忙找来数学家进行分析预测,得出结论:以现在的损失率再过2周,英国在法国参与作战的飞机便一架也不存在了。内阁因此建议丘吉尔否决法国的请求,丘吉尔采纳了内阁的意见。

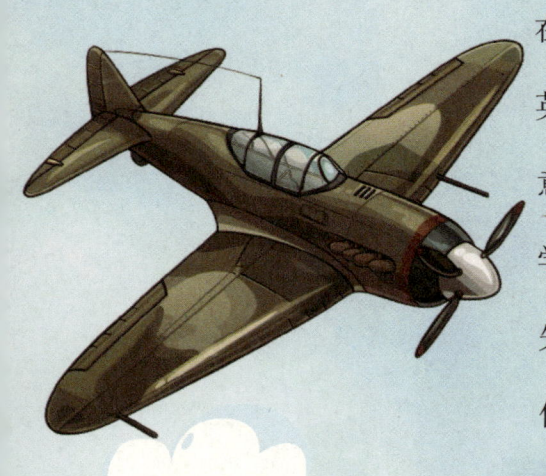

英国空军实力由于丘吉尔的这一正确决定得以保留。显然,是数学家的分析预测让丘吉尔看到了未来事情的发展方向,最终促使他改变了决定。那么,数学家是怎么得出"再过2周,英国参与作战的飞机将全部损失"这一结论的呢?

首先，数学家统计了过去7天每天英国可以出动的飞机数量，得到下面的统计表。

过去第几天	7	6	5	4	3	2	1
可出动飞机数量（架）	315	303	289	274	255	244	225

然后，将这些数据画在统计图上。

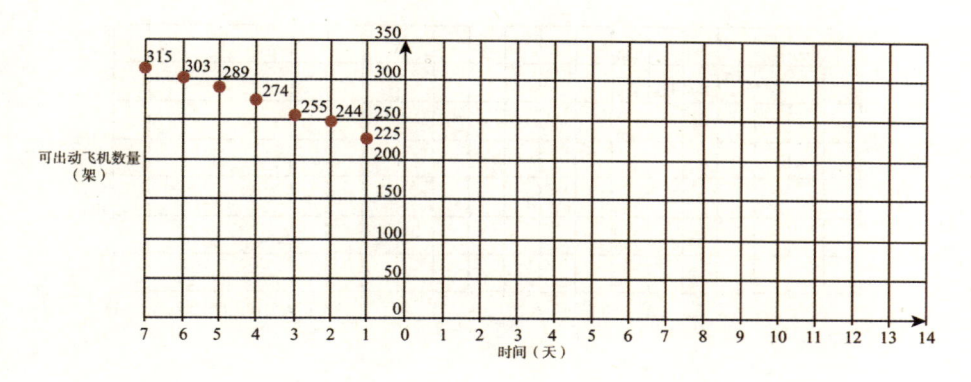

如果将这些点连起来，这张图就变成了我们学过的折线统计图。

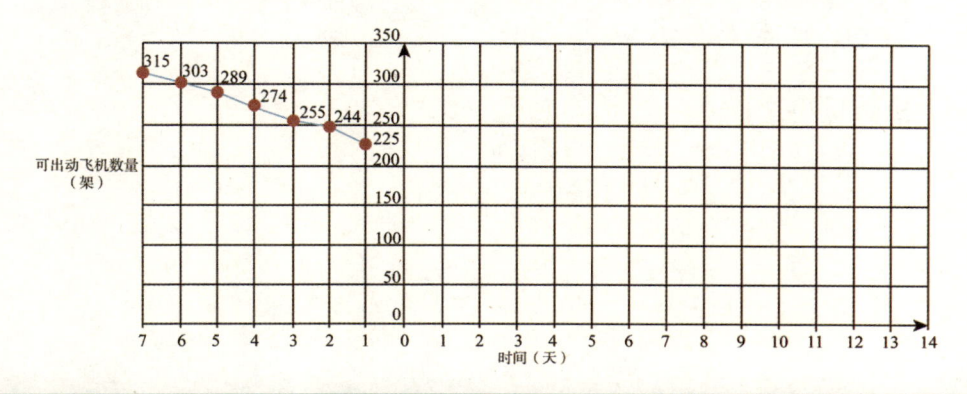

从图中可以看出，可以出动的飞机数量是呈下降趋势的，按照这种趋势，可出动飞机数量早晚会变成0。根据我们学习的折线统计图知识可以预测：在接下来的某一天，英国参与作战的飞机将全部损失。

那么，数学家是怎么得出"2周"这个数据的呢？他们利用数学知识画了一条直线，让这条直线尽量和每个点都很接近，用这条直线代表图中数据的规律和趋势，如下图中的红色虚线。

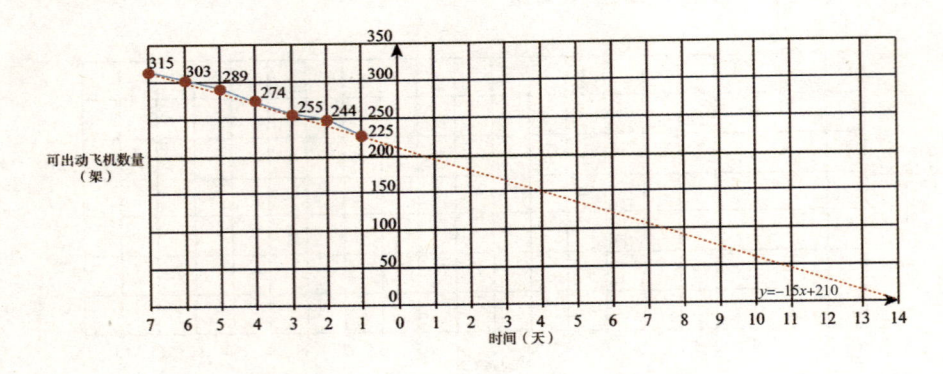

将这条红色虚线延长，我们就能清楚地看到：在未来的第14天，可出动飞机数量将变成0。

数学上这种根据现有数据预测未来的方法，叫作"回归预测法"。回归预测法在金融、医疗、自然资源等领域应用广泛，在预测商品价格、销售量、财务收支等问题时经常使用这种方法。

例如，下表是某家庭收入和支出情况统计表。

收入（万元）	15	18	21	26	30	36
支出（万元）	5.2	6.1	7.5	9	10.5	12

想要预测未来，我们先在统计图上标出收入、支出对应的点（蓝色点），再找出最接近这些点的那条直线（红色虚线）。

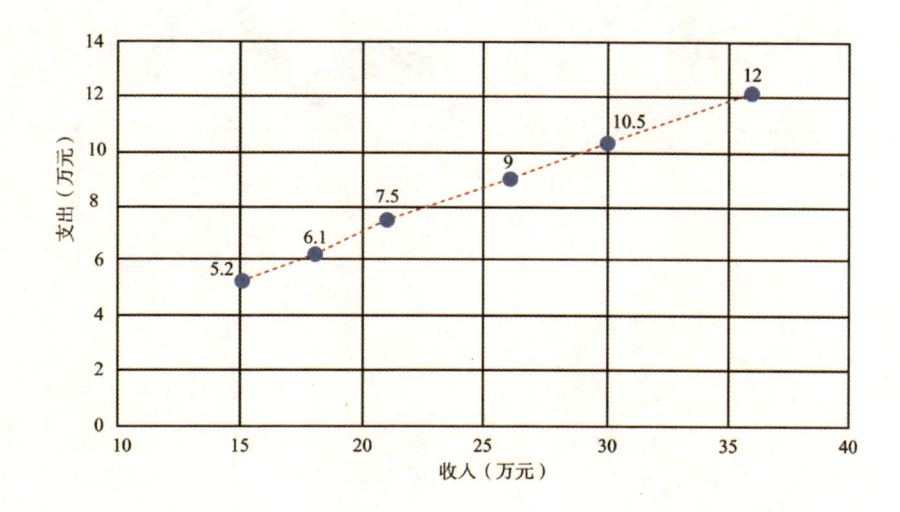

根据这条直线，我们就可以根据未来的收入预测未来的支出情况。

看到这里，爱思考的你一定想问："回归预测法"画出的一定是直线吗？当然不是啦！根据给定数据的具体分布情况，数学家还可以画出曲线用于预测未来，如下图所示。数学是不是既神奇又实用呢？

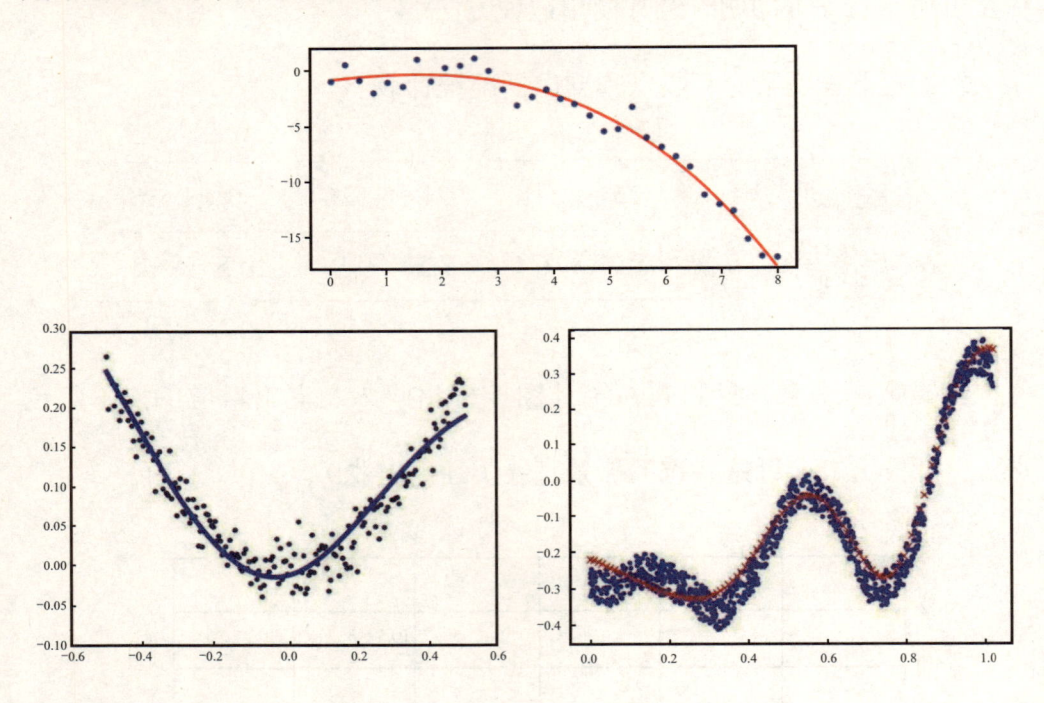

"时光倒流"的环球航行

1519年，麦哲伦带领由5艘船组成的船队从西班牙向西出发，开启了环球航行，途中历经千难万险。1522年9月6日，仅剩的18名船员和一艘船回到西班牙，麦哲伦本人也死在了途中。这18名死里逃生的船员终于重新登上陆地，他们兴奋地向迎接的人群高呼："航行了1081天，我们终于回来啦！"人们听到之后非常疑惑：按照日期计算，他们明明航行了1082天，为什么船员说是1081天呢？

船员们也感到很奇怪，赶忙拿出航海日记，上面记载的登陆日期确实是1522年9月5日，比当地日期提前了一天。咦？这是怎么回事？难道是在航行中时光倒流了，完整的一天被"偷"走了？

其实在生活中，我们也会见到这种"时光倒流"的现象。如果你在下午两点乘坐航班从北京飞往新疆，登机时日头正高，下午六点到达新疆时太阳竟还高悬在天空中！这4个小时的时间被"偷"走了吗？

这一切都是地球自转搞的鬼。我们所在的地球除了绕着太阳进行公转，还在不停地自转。正是地球自西向东的自转形成了昼夜交替，全球始终有一半的区域处于白天，一半的区域处于夜晚。晨昏线（昼夜的分界线）跟随着地球自转在地球上不断移动，就产生了时差。例如，在东方的 A 国人已经看到了 8 月 1 日早晨的太阳，而在西方的 B 国人可能还处在 7 月 31 日的傍晚；等 B 国人看见 8 月 1 日早晨的太阳时，东方的 A 国人已经进入傍晚时分。

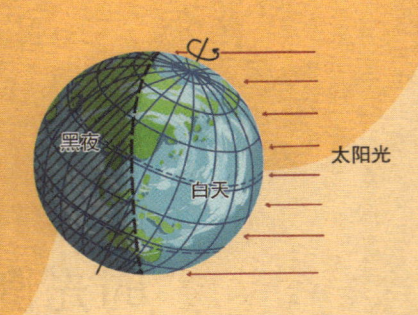

你一定听说过经线吧？地球表面连接南、北两极，并且垂直于赤道的弧线叫作"经线"。通过英国首都伦敦格林尼治天文台原址的那一条经线被定为 0° 经线（本初子午线），向西为西经，向东为东经。为了方便各地区使用时间和不同地区进行时间计算，人们把经度每 15° 划分为一个时区，这样，全球共有 360÷15=24 个时区，相邻两个时区的时间相差 1 小时。

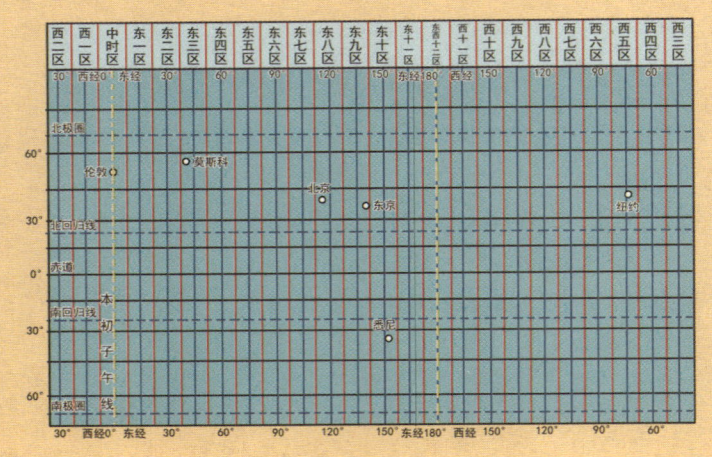

西经 7.5° 到东经 7.5° 为中时区，向西依次为西一区、西二区等，向东依次为东一区、东二区等。东经 172.5° 到西经 172.5° 合并为一个时区，为"东西十二区"。

我们细细推想，会发现这样的规定存在一个严重的问题：假设中时区的区时为 1 月 1 日 12 时，那么此时东一区到东十一区的区时依次为 1 月 1 日 13 时到 1 月 1 日 23 时；西一区到西十一区的区时依次为 1 月 1 日 11 时到 1 月 1 日 1 时（如下表所示）。

西十一区	西十区	西九区	西八区	西七区	西六区	西五区	西四区	西三区	西二区	西一区	中时区	东一区	东二区	东三区	东四区	东五区	东六区	东七区	东八区	东九区	东十区	东十一区	东西十二区
1月1日1时	1月1日2时	1月1日3时	1月1日4时	1月1日5时	1月1日6时	1月1日7时	1月1日8时	1月1日9时	1月1日10时	1月1日11时	1月1日12时	1月1日13时	1月1日14时	1月1日15时	1月1日16时	1月1日17时	1月1日18时	1月1日19时	1月1日20时	1月1日21时	1月1日22时	1月1日23时	1月1日?

那么东西十二区的区时应该是 1 月 1 日 24 时，还是 1 月 1 日 0 时（也

就是 12 月 31 日 24 时）呢？

虽然都是 24 时，日期却正好相差一天！麦哲伦的船队在环球航行时正是因为自东向西跨过了这个区域，才造成了"时光倒流"的情况。了解上述信息后，你是不是恍然大悟了呢？

正是为了避免这样的全球计时混乱，人们在东西十二区确定了一个折线形状的国际日期变更线，如下图所示。

国际规定：从东向西跨越这条线时，日期要加一天；从西向东跨越这条线时，日期要减去一天。有了这样的规定，"时光倒流"的环球航行便再也不会出现啦！

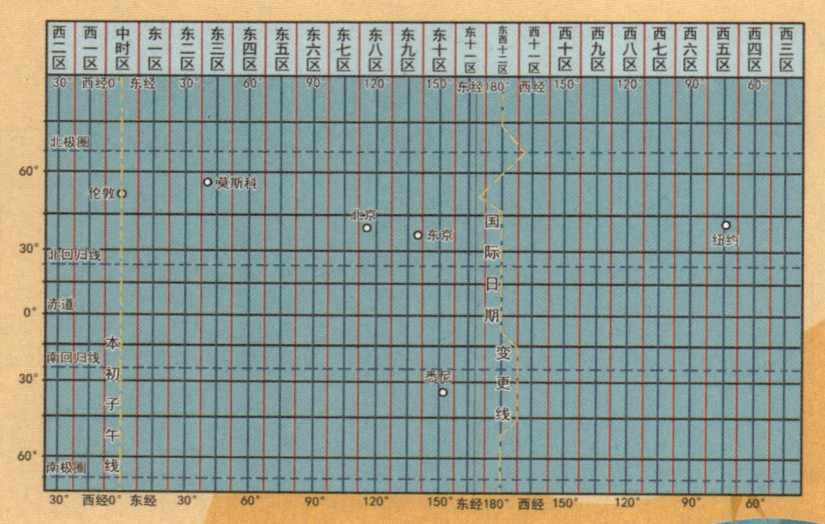

在全球化日益发展的今天，人们若想知道某个地区的时间，除了上网查看"世界时钟"，能不能通过数学计算得到呢？

方法并不难，在不考虑夏令时制度的情况下，用"已知区时－（已知区时的时区－未知区时的时区）"就可以啦，注意东时区看作正数，西时区看作负数。

例如，在北京时间7月11日20:00，北京（位于东八区）的商人想计算莫斯科（位于东三区）时间，看是否方便和在莫斯科的生意伙伴通话。

20:00−(8−3)=15:00，莫斯科时间为7月11日15:00，正好是下午工作时间，可以进行通话。

再如，北京时间8月1日6:00，阿根廷首都布宜诺斯艾利斯（西三区）是什么时间呢？

按照上面的算法，6:00−[8−(−3)]=−5:00，算出的是负数。这是一种特殊情况，当算出负数时，我们应把算出的时间加上24:00，日期减一天。−5:00+24:00=19:00，此时布宜诺斯艾利斯的时间就是7月31日19:00啦！

你会计算了吗？请看一看现在的时间，试着计算马尔代夫（东五区）、多哈（东三区）、墨西哥城（西六区）的区时，然后对照世界时钟，验证你的计算结果吧！

怎样用"航海钟"确定经度

1707年10月,英国海军上将肖维尔爵士率领舰队在地中海打败了法国舰队后返航。不幸的是,在返航途中舰队遇上大雾,领航员只能通过对航速的估算来大致判断舰队的经度位置。在一个大雾弥漫的晚上,舰队因为估算不准驶入锡利群岛之间,这里的水面下隐藏着可怕的暗礁。当领航员发现情况不好时,4艘战船已撞上暗礁并且迅速沉没了,有近两千名士兵被淹死。

这一悲剧传到英国国内,引起一片哗然,人们下定决心要解决在海上确定船只所在经度这个难题。1530年,荷兰天文学家伽玛·弗里西斯提出了"以时间确定经度"的假想:如果能带着一台走时精准的钟表航行,钟表始终和始发地的时间保持一致,带着它航行至目的地,通过太阳的位置确定当地时间,把当地时间和始发地时间进行对比,经过一些数学计算,就能得到目的地与始发地之间的经度差。

理论似乎可行,但问题出在钟表上,要知道,普通的钟表一到海上,就会因为颠簸、潮湿等原因走时不准,所以当时很多钟表匠立志造出一种在海上也走时精准的钟。

1763年，一位名为约翰·哈里森的钟表匠终于造出了符合要求的钟表，人们终于能够在海上确定经度了。这项发明逐渐得到广泛应用，成为船队出海的必需品，人们将其称为"航海钟"。

怎样利用航海钟确定船队的位置呢？我们知道，地球自转一圈转360°，用时24小时，360°÷24=15°，地球每小时转15°。也就是说，目的地与始发地的时间每相差1小时，经度就相差15°。

当船自西向东航行时，目的地时间大于始发地时间，此时计算经度差的方法如下：（目的地时间－始发地时间）×15°。

当船自东向西航行时，目的地时间小于始发地时间，此时计算经度差的方法如下：（始发地时间－目的地时间）×15°。

如果时间差不是整小时数，就将它近似为整小时数，如 2 小时 15 分近似为 2 小时；2 小时 35 分近似为 3 小时；3 小时 30 分近似为 3 小时或 4 小时。

试着算一算：假如肖维尔爵士的船上有航海钟，钟面时间为上午 7 时 35 分，航行到某地后，根据太阳位置确定所在地时间是上午 10 时，出发地和某地的经度差约为多少呢？

10 时 −7 时 35 分 =2 小时 25 分 ≈ 2 小时，2×15°=30°，两地的经度差约为 30°，你算对了吗？

随着科技的发展，现代船只出海使用全球卫星定位系统进行导航，我国自行研制的北斗卫星导航系统就是四大全球卫星定位系统之一。"北斗"这个名字来自我国古代用于辨识方位的北斗星。我国自 1994 年启动建设北斗卫星导航系统工程，2020 年系统正式开通，成了世界上第三个独立拥有全球卫星导航系统的国家。

我国在北斗卫星导航系统的建设中攻克了 160 余项关键核心技术，核心器部件全部为国产，该系统的开通是我国攀登科技高峰、迈向航天强国的重要里程碑，也是我国崛起的又一大标志。北斗卫星导航系统在我国交通运输、海洋渔业、水文监测、测绘地理信息、森林防火等领域做出了巨大贡献，为我国社会发展注入了新的活力。

"过洋牵星术"定纬度

我国明朝的郑和先后七次率领船队向大海开进，征服惊涛骇浪，进行了伟大的航海活动。当时的人们根据郑和船队历次下西洋航程综合整理了《郑和航海图》，这是世界上现存最早的航海图集。

在《郑和航海图》中，有两幅图描绘了一种在海洋中确定船只所在纬度的技术——过洋牵星术。

"过洋牵星术"指的是拿着特制的"牵星板"去看星星（如北极星），当选择的牵星板下沿与海平面齐平，上沿又正好能对准星星时，通过这块牵星板的规格就知道此地的星星仰角是多少，也就知道了此地的纬度。

牵星板共有12块，最大的一块为十二指板，最小的一块为一指板。一指相当于现在的1.9°，也就是说，如果在某地通过一指板看星星，一指板上沿能正好对准北极星，那么此地的北极星仰角就是1.9°×1=1.9°；如果通过十二指板看星星，十二指板上沿能正好对准北极星，那么此地的北极星仰角就是1.9°×12=22.8°；如果把十二指板和十一指板上下竖直放在一起，两指板上沿能正好对准北极星，那么此地的北极星仰角就是1.9°×(12+11)=43.7°。

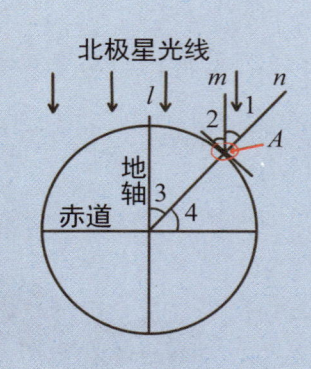

现在，我们知道了怎样用牵星板测量星星仰角，那么，北极星仰角和这个地方的纬度有什么关系呢？其实，北极星的仰角就等于所在地的纬度。我们可以用数学知识证明，请看右图。

图中 A 处为北半球的某个位置，此地的北极星仰角为∠2，而此地的纬度为∠4 的度数，我们只要证明∠2=∠4 就可以了。因为北极星离地球非常远，所以北极星到地球的光线可以看作平行线，也就是线 l 和线 m 平行，线 n 与线 l、m 相交，形成了∠1 和∠3 两个夹角。在初中数学里，我们会学到：∠1 和∠3 互为同位角，并且∠1 = ∠3。

从图中我们还能看到，∠3 + ∠4=90°，∠1 + ∠2=90°，因为∠1 = ∠3，所以∠2 = ∠4。

掌握这个信息后，在北半球大海上航行的人们如果想要确定当地纬度，只需要将牵星板下沿对齐海平面，上沿对准北极星，根据牵星板测出北极星仰角，就得出当地的纬度啦！

看到这，聪明的你一定想问，在南半球看不到北极星，牵星术是不是就不好用了？不是的，古人通过观测南半球的星星，照样可以安全地行船。在《郑和航海图》中有一幅《锡兰山回苏门答腊过洋牵星图》，图中记录了郑和的船队通过观测南半球的南布司（小犬座）、北布司（双子座）、灯笼骨星（南十字座）和南门双星（半人马星座 α、β 双星），顺利地自北向南跨越赤道从锡兰山（斯里兰卡岛）回到了苏门答腊（印度尼西亚西

侧岛屿）。其中南十字座，半人马星座 α、β 双星现在仍是南半球居民确定正南方向的重要依据。

我国古代用牵星术测纬度的方法比西方用六分仪测纬度的方法早了大约 300 年，六分仪拥有扇形外观，它的工作原理是我们熟悉的科学家牛顿最先提出的。

六分仪

随着现代科技的发展，用牵星术、六分仪这些工具观星定位的方法逐渐被全球卫星定位系统所替代，人们不再依赖北极星这样的遥远天体，而是借助发射到太空中的人造卫星得到更加准确、快速和便利的定位服务。

请你准备一把折尺或用硬纸条钉一个活动角，作为简易的测角工具。夜晚时，在平坦、开阔的地上，将角的顶点放在眼睛前面，使角的一条边和地面平行，另一条边对准北极星，此时两条边所夹的角约为你所在地方的北极星仰角。用量角器量出这个角度，然后上网查找你所在地方的纬度，看看你量出的角度是不是和所在地纬度差不多呢？

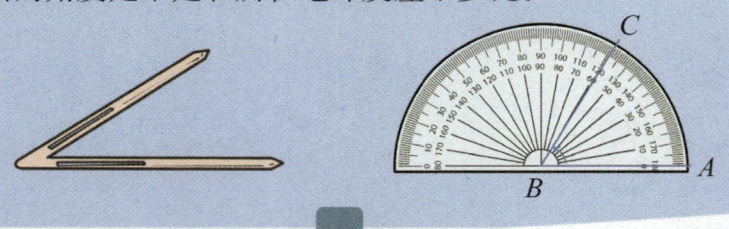

两点之间不一定线段最短

1770年，英国航海家库克船长发现澳大利亚东海岸并宣布该片土地属于英国，1788年1月26日，英国正式在澳大利亚杰克逊港（现悉尼）建立殖民区，英国船只从此经常往来两地。要知道，在18世纪，从英国驾船到遥远的澳洲大陆可是一件很冒险的事，航程中有风浪阻挠、物资短缺、水手患病和海盗劫掠等不利因素，稍不注意就可能"船毁人亡"，因此船长要绞尽脑汁选一条路程短的航线，让船队尽快到达目的地。

我们生活的地球实际上是一个赤道部分略鼓、两极部分略扁的不规则椭球体，在研究地球时，为了方便，我们常常将它近似看作一个正球体。

如果地球是个正球体，那么在地球上的两点之间怎样走距离最短呢？

情况一：如果这两点在同一条经线上，显然，沿这条经线走距离最短，如下图所示。

情况二：如果这两点都在赤道上，沿赤道走距离最短，如下图所示。

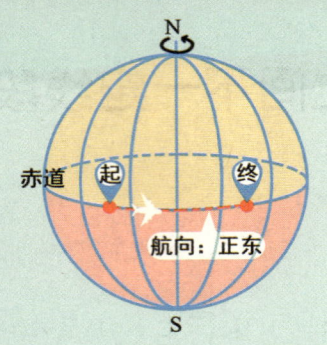

情况三：如果这两点在同一条纬线上，但这条纬线不是赤道。

例如，在下面左图中，从 A 到 B 怎样走距离最短？右图呢？

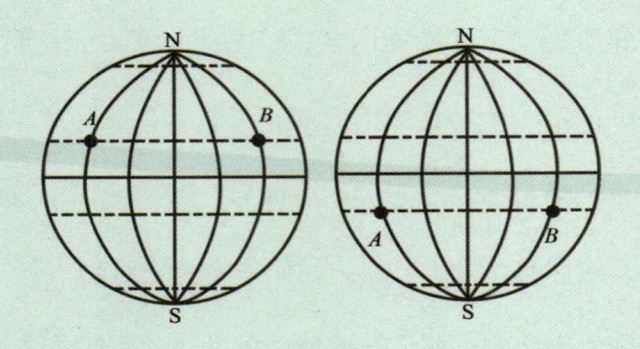

你一定会想：两点之间线段最短，我们只需要沿图中的纬线走，距离就最短，如下图所示。

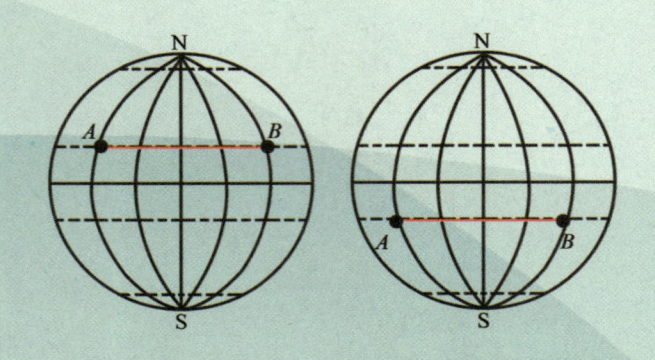

事实并非如此，沿着下图中标注的线走，距离才最短哦！

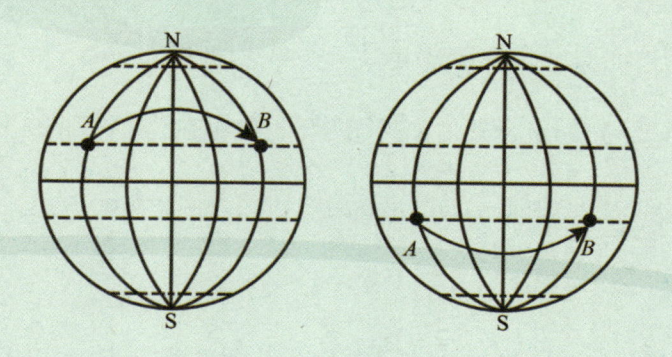

为什么会这样？在地球上到底怎样走距离才最短呢？数学家们找到了答案：如果把地球看作一个球体，球面上任意两点间的最短路线是球面上经过这两点的最大的圆的一段弧。

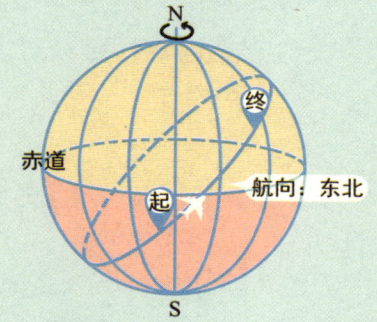

也就是说，当我们需要确定地球上任意两点间的最短路线时，应该经过这两点在地球上"画"出最大的圆，沿着这个圆的一段弧走就能使距离最短。这段距离最短的航线被称为"大圆航线"。

爱思考的你一定在想：是不是还有第四种情况？如果两点既不在同一条经线上，又不在同一条纬线上呢？

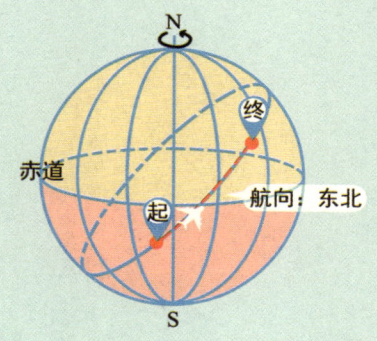

根据我们前面了解的知识，我们只需要以地心 O 为圆心，同时经过起点和终点画一个"大圆"，两点之间较短的那段弧就是最短路线啦！如右图所示。

虽然在理论上，采用大圆航线可以使船舶、飞机最大限度地减少航行时间从而节约成本，但在实际生活中，考虑到陆地阻隔、导航困难等因素，我们选择的路线通常只能靠近大圆航线，一般不会严格按照大圆航线航行。

你想亲眼看看大圆航线吗？借助手电筒、地球仪玩个找大圆航线的游戏吧。

在昏暗的房间里用手电筒模拟太阳光线垂直照在地球仪上，此时"白天"和"晚上"的分界线便是一个"大圆"。试着改变手电筒的位置，让这个大圆正好同时经过我国北京和美国华盛顿。看一看，此时的"大圆航线"是经过北冰洋还是经过太平洋呢？

航海罗盘辨方向

早在诸侯争霸、战火纷飞的春秋战国时期，我国古人就已经会将天然磁石打磨成针用以指示南北，这便是我国古代的四大发明之一——指南针。将指南针放在盛满水并带有方向标示的圆盘中心，就是古代用于航海导航的水罗盘，也就是早期的航海罗盘。

明朝早期的《西洋番国志》里有这样的记载："皆斫（zhuó，砍削木料的意思）木为盘，书刻干支之字，浮针于水，指向行舟。"这句话描述的是二十四向水罗盘。二十四向水罗盘是将圆盘的圆周等分成24份，分别书写我国古人常用的"十二地支"（子、丑、寅、卯、辰、巳、午、未、申、酉、戌、亥）、"八天干"（甲、乙、丙、丁、庚、辛、壬、癸）和"四维"（乾、坤、艮、巽（xùn））。这二十四向在我国古代被广泛应用于时间、空间、方位的表示和计算。圆盘上的二十四向的一个字代表一个方向，360°÷24=15°，每个字表示的方向范围是15°。在这24个字中，"子"代表正北、"午"代表正南、"酉"代表正西、"卯"代表正东。

这24个字表示的方向称为"单针"，

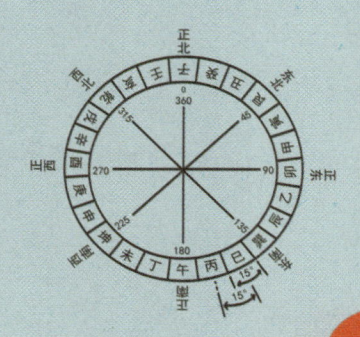

如丑针、甲针、乾针等。我们可以看到，用现在的数学语言描述，"艮针"代表北偏东 45°、"巽针"代表南偏东 45°、"坤针"代表南偏西 45°、"乾针"代表北偏西 45°。

除单针外，相邻两字相交的线表示的方向称为"缝针"，如乙卯针、壬亥针、申坤针。

南宋地理学家赵汝适所著的《诸蕃志》中记载了一条航线："阇（dū）婆国，又名莆家龙，于泉州为丙巳方……"这里的"丙巳方"指的就是航海罗盘上的丙巳缝针。

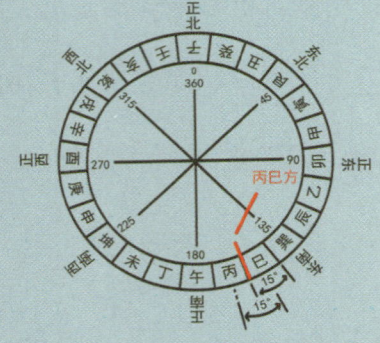

如果用我们现在的数学语言描述，"丙巳方"相当于什么方向呢？

根据上图，我们知道"丙巳方"在南偏东半个"午"字加一个"丙"字的方向上。一个字表示的范围是 15°，半个字表示的范围是 7.5°，15°+7.5°=22.5°。因此，"丙巳方"就是南偏东 22.5° 方向。

《郑和航海图》中有这样的航线记载："太仓港口开船，用丹乙针，一更，船平吴淞江。"这里的"丹乙针"指的就是"乙针"，为南偏东 75° 方向（下图黄线）；"乙卯针"指的是南偏东 82.5° 方向（下页图蓝线）。

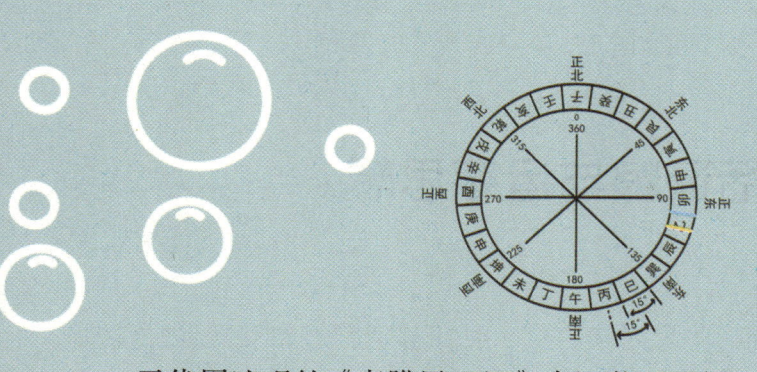

元代周达观的《真腊风土记》中记载了这样一条线路："自温州开洋，行丁未针，历闽、广海外诸州港口……"

请你当一次小小航海家，在下图中分别标出"丁未针""坤申针"表示的方向，并用现在的数学语言描述这两个方向。

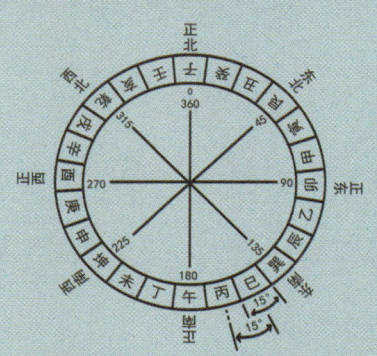

航海罗盘是我国古代人民智慧的结晶，为郑和成功开辟中国到东非的航线提供了可靠的技术保证，使得古代"海上丝绸之路"蓬勃发展。我国的航海罗盘后来流传至阿拉伯、欧洲等地区，使欧洲航海家哥伦布发现美洲大陆和麦哲伦环球航行成为可能。可以说，航海罗盘使人类第一次获得了全天候航行的能力，人类自此开辟了诸多新航线，进而促进了各国人民之间的文化交流与贸易往来。

沈括运粮与运筹思想

北宋年间,北宋和周边国家时常打仗。时任鄜延路经略安抚使的沈括用运筹思想研究了军粮供应与用兵进退的关系,在军事上取得了很多辉煌的胜利。

什么是运筹思想?运筹思想就是在许多方案中,寻求合理、省事、省钱的最优方案。《史记》中记载的田忌赛马的故事就是用运筹思想解决问题的典型例子。

"兵马未动,粮草先行。"粮草对古代行兵打仗的意义十分重大。士兵如果缺粮食,就没有体力参与战斗;战马如果缺草料,就无法载着士兵作战。沈括分析军粮供应的思路如下。

首先考虑人力运粮。1个农夫能背6斗(60升)米,士兵自带5天的

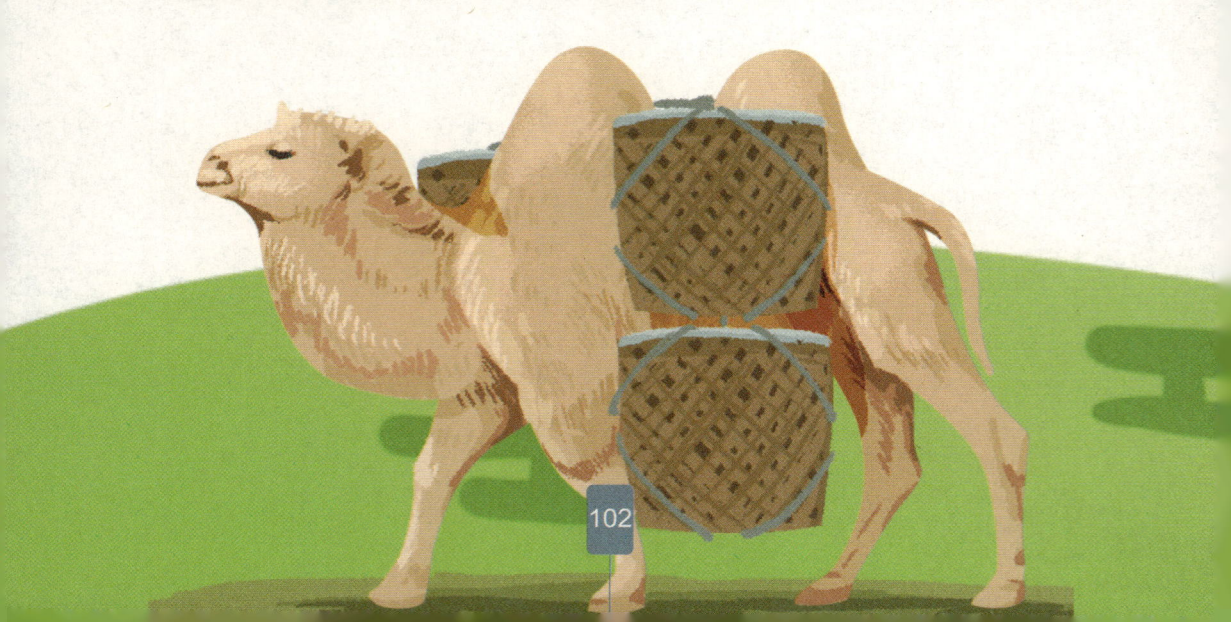

粮食（10升），每人每天吃2升米。如果1个农夫供应1个士兵，带的粮食大约够他们单程行军18天（2×2×18=72升，2人带70升粮食），如果考虑回程的话只能折半，也就是行军9天。如果2个农夫供应1个士兵，带的粮食大约够他们单程行军26天（8天后给其中一个农夫6天的粮食，让其返程，此时还剩70升粮食，参考1个农夫运粮，可再行军18天），如果考虑回程的话只能折半，也就是行军13天。如果3个农夫运粮供应一个士兵，带的粮食足够他们单程行军31.5天（6.5天后，给其中一个农夫4天的粮食，让其返程，此时还剩130升粮食，再过7天，给其中一个农夫9天的粮食，让其返程，此时还剩70升粮食，参考1个农夫运粮，可再行军18天），考虑回程的话只能行军16天。虽然随着农夫数量从1

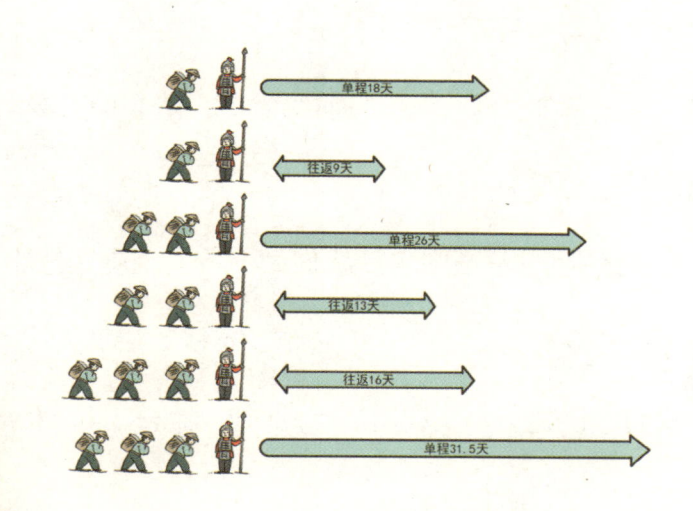

人增加至 3 人，运输能力变强，行军天数增加，但吃粮的人也从 2 人增加至 4 人。

照这样 3 个农夫供应 1 个士兵计算，如果上阵打仗的士兵为 10 万人，就需要约 30 万个农夫运粮，这已经是很大的规模了。

其次考虑牲畜运粮，一匹骆驼可以运 3 石（300 升）粮食，一匹马或骡子能够运一石五斗（150 升）粮食，一头驴子只能运 1 石（100 升）粮食。虽然牲畜运粮量大、花费少，但运粮中也需要及时放牧和喂食，否则它们容易瘦弱或疲惫而死。如果一些牲畜死了，而其他牲畜又不能全部分担其所运粮食的话，为了不耽误行军速度，只能将运不了的粮食丢掉。

通过上面的分析，沈括得出结论：不管是使用人力还是使用牲畜，从出发地运粮参与作战不仅受距离的限制，还花费巨大。因此，最优的方案应该是从敌国就地征粮，以保障前线供应，这样可以减少后勤人员的比例，增强前方作战的兵力。

"凡事预则立，不预则废。"我们做事情前也应该像沈括这样提前分析、计划，运用运筹思想寻求合理、省事、省钱的最优方案。例如，要为客人泡茶，我们应该先烧水，利用烧水的时间清洗茶具、准备茶叶，等水烧开了就可以直接泡茶啦！

摩斯密码

1912年4月14日，24岁业余无线电爱好者阿迪通过无线电收到一条"CQD"的消息，这让他震惊不已，因为"CQD"是1904年开始马可尼公司主张使用的国际遇难求救信号。

不久后，阿迪又收到一系列信息："我们在使用救生艇运送旅客离开。但是，对于那些女性和孩子来说，时间已经所剩不多。"当时对于正身处距离事发地超过四千千米的一个小城镇的阿迪来说，他只能透过无线电看着这场悲剧发生，却无法采取任何行动。也许当时他还不知道，这个事件将会成为20世纪最知名的灾难之一——"泰坦尼克号沉没"。

早在1837年，摩斯密码就被创造出来了。摩斯密码是一种时通时段

的信号代码，通过信号代码不同的排列顺序来表示不同的字母或数字。其包含了 5 个类别：短暂的符号"·"，持续一段时间的长符号"—"，点与线间的暂停，单词间的中等暂停，以及句子的长暂停。小朋友们可以对照摩斯密码表翻译一下"···———···"，翻译过来就是"SOS"——紧急呼救信号。

字母

字符	电码符号	字符	电码符号	字符	电码符号	字符	电码符号
A	·—	B	—···	C	—·—·	D	—··
E	·	F	··—·	G	——·	H	····
I	··	J	·———	K	—·—	L	·—··
M	——	N	—·	O	———	P	·——·
Q	——·—	R	·—·	S	···	T	—
U	··—	V	···—	W	·——	X	—··—
Y	—·——	Z	——··				

数字长码

字符	电码符号	字符	电码符号	字符	电码符号	字符	电码符号
0	—————	1	·————	2	··———	3	···——
4	····—	5	·····	6	—····	7	——···
8	———··	9	————·				

当"泰坦尼克号"出海遭遇危机的时候，首次对外传送的信息为"CQD"（这是 1906 年之前的国际遇难求救信号，在 1906 年，国际遇难求救信号统一为"SOS"）。然而，由于"D"与其他英文字母容易混淆，因此周边的船只未能识别到这是一个紧急求救信号，没能在第一时间展开救助。在船即将沉入水底之际，通信官才开始采用新式求救信号"SOS"发出警讯。试想，如果"泰坦尼克号"遇难之初就能发出"SOS"的求救信号，或许

就不会有1500余人遇难的悲剧发生。

摩斯密码不只被运用在航海通信中，在行军作战中也很常用。在战争环境下，单纯地以摩斯密码传递消息几乎不可能实现，因为每个人都能轻松解读对方想传递的消息。为确保通信过程中信息保密，特别是在军事与外交等关键领域，需要对密码进行加密。其中，摩斯密码最为知名且简单易行的加密方式有两种。一种是栅栏密码，如对"I LOVE YOU"进行加密时，将其拆分成两部分"IOEO"和"LVYU"，接着重新组合两部分后形成"IOEOLVYU"这样的奇怪文字，然而，若收信者了解这是栅栏密码，则可以根据相反的规则还原出原始的内容；另一种则是移位密码，它的工作原理是明文表包含所有英文字母（A~Z），而暗语表同样包含所有的英文字母（A~Z），如要发送D，对照密码表找到第4个字母G发送即可，这个密码表称为密钥，得到密钥，便可知道发送者实际发送的内容。

毫无疑问，科技的发展使得采用摩斯密码通信的应用者日益减少。然而，这种通信方式在紧急救援和通信备份领域起着不可取代的作用。一旦灾难降临，传统的通信方式在短期内就无法恢复正常，人们只能利用短波电台进行基础的通信服务。如果在生活中，我们碰到无法避免的危险时，也可以通过敲击或反射光线发出求救信号进行求救。

巧用孙子定理加密

现代密码学的数学基础是数论，到目前为止，很多密码都是基于各种数字难题而设计的。数论中有一个非常关键的定理叫作"中国剩余定理"，因最早被记录在《孙子算经》中，也被称为"孙子定理"，它是公钥密码中设置密码陷阱的一种非常重要的手段。

《孙子算经》中记载："今有物，不知其数。三三数之剩二，五五数之剩三，七七数之剩二。问物几何？"也就是说，现有一种物品，不知道它的数量，3个3个地数，最后剩2个；5个5个地数，最后剩3个；7个7个地数，最后剩2个。问这种物品的数量是多少？

我们可以用举例法来解决这个问题。

用3除后余2的数：5，8，11，14，17，20，23，26，29，…

用5除后余3的数：8，23，…

用7除后余2的数：23，…

由此得到，23是最小的一个解。至于下一个解是什么，我们可以继续写下去。

若现在需要加密100把锁，你有什么好办法吗？了解孙子定理后，我们就可以利用它对锁进行加密编辑。

先将锁从 1~100 进行编号，再将锁的编号分别用 3、5、7 这 3 个数字作除数相除，最后将 3 次相除所得的 3 个余数作为每把钥匙的编号。在这里我们将整除的情况看作余数为 0。这样，每把锁都有一个三位数字的钥匙编号。

例如，8 号锁的钥匙编号为 231：

$8 \div 3 = 2 \cdots\cdots 2$

$8 \div 5 = 1 \cdots\cdots 3$

$8 \div 7 = 1 \cdots\cdots 1$

同理，17 号锁的钥匙编号为"223"；45 号锁的钥匙编号为 003。

如果锁的数量很多，那么还能用这种方法吗？带着这个问题，请你用上面的方法计算 106 号锁的钥匙编号，你会发现它的钥匙编号是 111，这就与 1 号锁的钥匙编号一样了。3、5、7 的最小公倍数是 $3 \times 5 \times 7 = 105$，所以只要数字不超过 105，锁的编号与钥匙的编号就都是一一对应的，我们只要看见锁号，对这个数进行 3 次除法运算，就能知道用哪把钥匙了。

如果你想要增强一下钥匙编号的保密性，可以把上面得到的钥匙编号加上一个不定时更换的固定常数，如 8 号锁对应的钥匙编号是 231，我们再加上常数 3，那么新的钥匙编号就是 2313，当然这个常数的位置也可以改变。

密码的不同取决于加密方式的不同，小朋友们也可以寻找其他数学问题，设计属于你自己的加密方式。

"二战"之密 —— 恩尼格玛密码机

在第一次世界大战中，各个国家的军队都开始使用无线电通信。无线电通信是一把双刃剑：一方面，它可以使战场信息的传递速度更快、传递范围更广；另一方面，无线电信息容易被敌方窃取和侦破，于是人们想出了先给信息加密再发送的方法。最早的加密是由人工进行的，不仅耗时耗力，保密性也难以保证。第二次世界大战期间，德国使用了一种密码机——恩尼格玛密码机来给信息加密，它是历史上最著名的密码机之一。

恩尼格玛密码机既是加密机器又是破译机器，破译方只要将恩尼格玛密码机设置成和发送方一样的初始状态，就可以顺利破译密码。恩尼格玛密码机从上到下主要由转盘、灯板、键盘和插接板4部分组成。

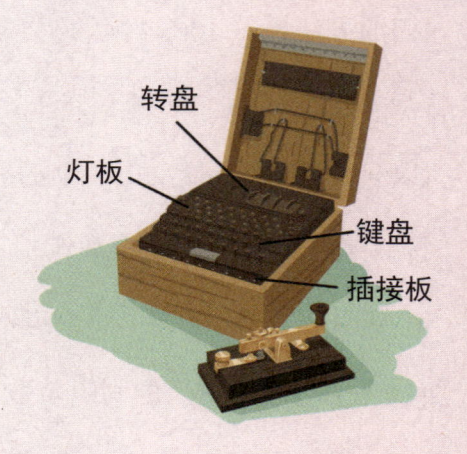

加密时，在键盘上每敲下一个字母，灯板上就有一个字母灯亮起，人们将亮起的字母组成的信息用于无线电发送。接收方接到这份密电后，只需要依次在键盘上敲下密电的每个字母，然后将亮起的字母组合起来就

得到原始信息。

听起来似乎很简单，而恩尼格玛密码机的加密方式却非常复杂，哪怕你连续按下相同的字母，如 A，每次亮起的字母也不相同，可能第一次 B 灯亮，第二次 C 灯亮，第三次 D 灯亮，这就给敌方破译密码造成了极大的阻碍。

恩尼格玛密码机的核心秘密在于它的转盘和插接板。第一个秘密是它的转盘，每台恩尼格玛密码机会配置 5 个转盘，每个转盘里都有不同的导线连接方式，我们选择其中的 3 个，按照顺序从左至右依次放置在机器中。那么第一个位置有 5 个转盘可供选择；第一个位置放好转盘后，第二个位置有 4 个转盘可供选择；第二个位置放好转盘后，第三个位置有 3 个转盘可供选择。如此一来，单是这 5 个转盘的不同组合方式就有 5×4×3=60 种。而这仅仅是恩尼格玛密码机中最小的一个秘密。

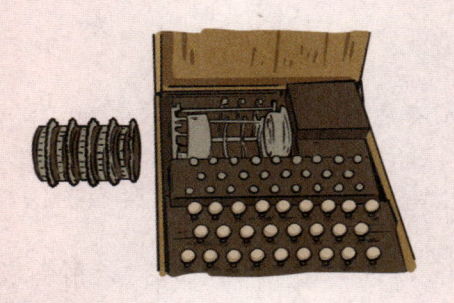

第二个秘密是恩尼格玛密码机转盘上的数字。刚才我们提到的转盘，每个转盘上都刻有 1~26 这 26 个数字，每当一个字母被按下时，键盘上的机械装置就会带动右侧的转盘旋转一格；最右侧的转盘旋转一周后，再次

旋转时会带动中间的转盘也旋转一格；中间转盘旋转一周后，再次旋转又会带动左侧的转盘旋转一格。这非常像钟表上的秒针、分针和时针。现在你知道为什么连续按下相同的字母，亮起的灯会不同了吗？因为每次按下字母，转盘都会旋转，而转盘的每次旋转都会形成新的电路连接，因此同样按下字母 A，可能这次电路连接到 B 灯，下次就连接到 C 灯，再下次就是 D 灯。

转盘上刻有 26 个数字，初始状态下，每个数字都有可能在最上方，如下图所示。

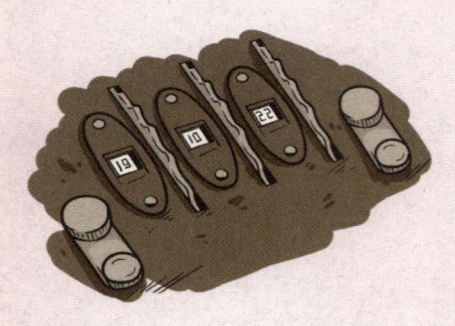

第一个转盘的初始数字有 26 种可能，第二个、第三个转盘的情况相同，所以三个转盘的初始组合有 26×26×26=17576 种可能的情况！

说完转盘的两个秘密，我们再来说说插接板的秘密。

插接板是一种能将两个字母互换的装置，如果我们将字母 E 和 O 用导线插接在一起，

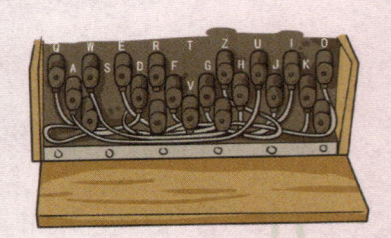

如下图所示，那么原本应该 E 灯亮时，O 灯反而会亮；同样，原本应该 O 灯亮时，E 灯反而会亮。一台恩尼格玛密码机一般配有 10 根导线，也就是说我们最多可以互换 10 组字母，这样会出现多达 150738274937250 种可能的组合方式！

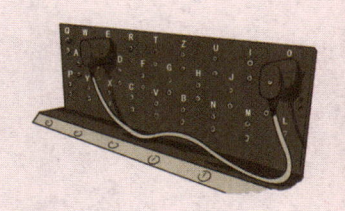

揭晓完恩尼格玛密码机的三个秘密，现在让我们算一算这台密码机所有可能的初始状态吧！ 60×17576×150738274937250=15896255521782636000，多达 15896255 万亿种！也就是说，敌人即使得到了一台恩尼格玛密码机，如果不知道发送方机器的初始状态，就几乎不太可能将截获的密码破译出来。

那么相隔两地的德军是怎么知道对方的密码机初始状态的呢？原来，他们会提前制定一张表格，上面写了每天的转盘排列、转盘初始值和插接板连接方式。这样，相隔两地的德军只需要按照表格把每天的密码机初始状态设置好，就可以顺利地对信息进行加密和解密。值得一提的是，海军会用可溶于水的墨水绘制这个表格，这样即使他们被敌人俘虏，他们只需要趁敌人不备，把表格扔到水里，就能瞬间销毁上面的信息。

猪圈密码

猪圈密码，是一种名字和形式古怪的密码。它是一种字母和形状结合的简单替代式密码。

猪圈密码的加密原理很简单，它需要一个特定的密表，然后用密表中指定的符号替换明文中的字母，最后得到的结果即为密文。

猪圈密码将26个字母与每个特定的形状相结合，在使用猪圈密码制作密文时，不需要加上字母，只需要将字母旁边对应的形状画出即可。

例如，我们要进行加密的内容为"ANT"，此时我们需要先在统一的密码本上找到字母和字母所在的"猪圈"的形状。

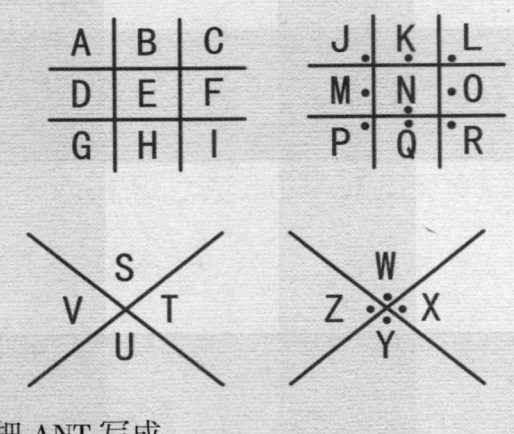

这样我们可以把 ANT 写成

从上面的例子，我们可以清晰地看出猪圈密码的替换规律。猪圈密码，本质上是一种很简单的替换式密码，所以，它的解密方法和加密方法刚好相反，只要我们知道加密时所用的密码本，即可通过对比密码本，将密文替换为明文。

修改猪圈密码的密码本进行加密时只需要改变字母与形状的对应关系，或直接更改网格的布局即可。

比如，可以通过使用#网格、X网格、#网格、X网格的布局来重新排列字母，形成新的密码本。

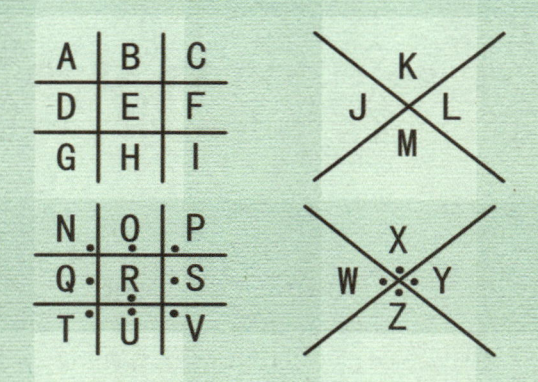

可以通过将字母交替放置在形状中，形成新的密码本。

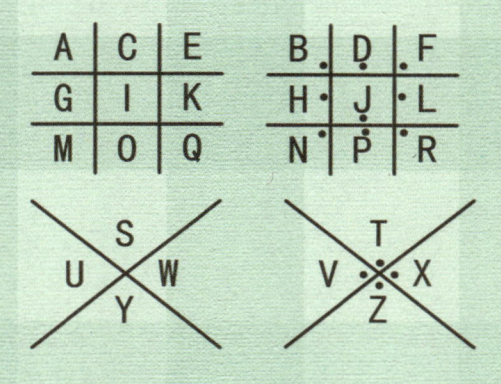

也可以使用三个#网格，取消X网格，形成新的密码本。

还可以将字母分组，使用新格子来形成新的密码本。

总之，猪圈密码的密码本很灵活，我们在实际使用的时候，如果需要保障通信安全，可以根据猪圈密码的加密原理，设计属于自己的符号来进行加密，只要保证密码本不泄露，密文就是相对安全的。